JN016623

ホントにわかる

やさしくまるごと

第1種電気工事士学科試験

石原鉄郎 著

電気書院

本書の特徴

本書では，受験者が最もつまずきやすい「電気の基礎理論」や「配電理論と配電設計」といった計算問題が中心となる内容は後半部分に入れ，比較的取り組みやすい暗記中心科目から学習を始められる構成となっています．本書の構成に沿って読み進めることで，インプットを中心→理論を中心に学ぶことができます．復習が必要と考えられる章（第4章から第13章）は，各章末に過去問を中心に演習問題を設けました．学習後の知識の定着具合や理解度のチェックをしていきましょう．

● 章構成

暗記を中心とした学習
第1章　第1種電気工事士の概要
第2章　基礎知識（電気）
第3章　基礎知識（電気機器）
第4章　配線図
第5章　受変電設備機器
第6章　鑑別
第7章　法令
第8章　自家用電気工作物の検査
第9章　電気工事の施工方法

計算や理論を学習
第10章　発電・変電・送配電・受電
第11章　電気応用
第12章　基礎理論
第13章　配電理論・配電設計

● 写真鑑別について

「第6章 鑑別」では写真とあわせて設備機器や道具などの知識をまとめています. 得点源となる内容なので確実に覚えていきましょう.

各部の
名称や役割
を説明

各機器などの詳細を説明

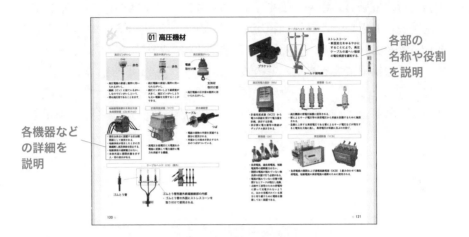

● 過去問で実力チェック!

第4章〜第13章では, 章末に演習問題を設置しています. インプット後はここで復習(アウトプット)を行い, 知識を定着させましょう.

過去の出題をもとに問題を配置

問題を解くためのポイントを解説

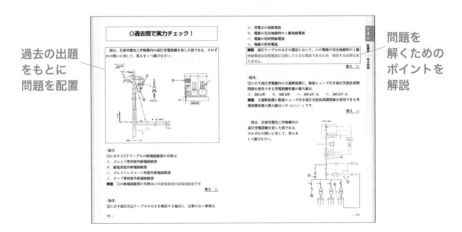

目 次

第1章　第1種電気工事士の概要

第2章　基礎知識（電気）

第3章　基礎知識（電気機器）

第4章　配線図

第5章　受変電設備機器

第6章　鑑別

第7章　法令

第**8**章　自家用電気工作物の検査

第**9**章　電気工事の施工方法

第10章　発電・変電・送配電・受電

第11章　電気応用

第12章 基礎理論

第13章 配電理論・配電設計

第 1 章

第1種電気工事士の概要

第1種電気工事士とは

●電気工事士法

　電気工事士には，第1種電気工事士と第2種電気工事士があります．第1種電気工事士も第2種電気工事士も，電気工事士法に規定されています．電気工事士法とは，電気工事の欠陥による災害の発生を防止することを目的に，電気工事の作業に従事する者の資格および義務について規定されています．

> 電気工事士法
> （目的）
> 第1条　この法律は，**電気工事の作業に従事する者の資格及び義務を**定め，もって**電気工事の欠陥による災害の発生の防止に寄与すること**を目的とする．

●第1種電気工事士と第2種電気工事士

　第1種電気工事士と第2種電気工事士については，電気工事士法に次のように規定されています．

> 電気工事士法
> （電気工事士等）
> 第3条　第1種電気工事士免状の交付を受けている者（以下「第1種電気工事士」という．）でなければ，**自家用電気工作物に係る電気工事**（第3項に規定する電気工事を除く．第4項において同じ．）の作業（自家用電気工作物の保安上支障がないと認められる作業であって，経済産業省令で定めるものを除く．）に従事してはならない．
> 　2　第1種電気工事士又は第2種電気工事士免状の交付を受けている

者（以下「第2種電気工事士」という．）でなければ，**一般用電気工作物等に係る電気工事の作業**（一般用電気工作物等の保安上支障がないと認められる作業であって，経済産業省令で定めるものを除く．）に従事してはならない．

第1種電気工事士でなければ，自家用電気工作物の電気工事の作業に従事することはできません．第1種電気工事士または第2種電気工事士でなければ，一般用電気工作物等の電気工事の作業に従事することはできません．

なお，自家用電気工作物と一般用電気工作物等については，電気工事士法に次のように定義されています．

電気工事士法
（用語の定義）
第2条　この法律において「**一般用電気工作物等**」とは，一般用電気工作物（**電気事業法**（昭和39年法律第170号）第38条第1項に規定する一般用電気工作物をいう．以下同じ．）及び小規模事業用電気工作物（同条3項に規定する小規模事業用電気工作物をいう．以下同じ．）をいう，

2　この法律において「**自家用電気工作物**」とは，**電気事業法**第38条第4項に規定する**自家用電気工作物**（**小規模事業用電気工作物及び発電所，変電所，最大電力500 kW以上の需要設備**（電気を使用するために，その使用の場所と同一の構内（発電所又は変電所の構内を除く．）に設置する電気工作物（同法第2条第1項第18号に規定する電気工作物をいう．）の総合体をいう．）その他の経済産業省令で定めるものを**除く**．）をいう．

自家用電気工作物と一般用電気工作物等についての詳細は後段で解説しますが，自家用電気工作物は600 Vを超える電圧で受電するビルや工場の自家用の電気工作物など，一般用電気工作物等は600 V以下の電圧で受電する住宅や商店などの電気工作物などが該当します．第1種電気工事士は，自家用電気工作物ならびに一般用電気工作物等の電気工事の作業に従事することのできる資格です．

■第1種電気工事士の独占業務

　第1種電気工事士でなければ従事できない作業について，電気工事士法施行規則に，電気工事士が不要な軽微な作業に該当しないものとして，次のように規定されています．

電気工事士法施行規則
（軽微な作業）
第2条　法第3条第1項の自家用電気工作物の保安上支障がないと認められる作業であって，経済産業省令で定めるものは，次のとおりとする．
一　次に掲げる作業以外の作業
イ　電線相互を接続する作業（電気さく（定格一次電圧 300 V 以下であって感電により人体に危害を及ぼすおそれがないように出力電流を制限することができる電気さく用電源装置から電気を供給されるものに限る．以下同じ．）の電線を接続するものを除く．）
ロ　がいしに電線（電気さくの電線及びそれに接続する電線を除く．ハ，ニ及びチにおいて同じ．）を取り付け，又はこれを取り外す作業
ハ　電線を直接造営材その他の物件（がいしを除く．）に取り付け，又はこれを取り外す作業
ニ　電線管，線樋，ダクトその他これらに類する物に電線を収める作業
ホ　配線器具を造営材その他の物件に取り付け，若しくはこれを取り外し，又はこれに電線を接続する作業（露出型点滅器又は露出型コンセントを取り換える作業を除く．）
ヘ　電線管を曲げ，若しくはねじ切りし，又は電線管相互若しくは電線管とボックスその他の附属品とを接続する作業
ト　金属製のボックスを造営材その他の物件に取り付け，又はこれを取り外す作業
チ　電線，電線管，線樋，ダクトその他これらに類する物が造営材を貫通する部分に金属製の防護装置を取り付け，又はこれを取り外す作業

リ　金属製の電線管，線樋，ダクトその他これらに類する物又はこれらの附属品を，建造物のメタルラス張り，ワイヤラス張り又は金属板張りの部分に取り付け，又はこれらを取り外す作業

ヌ　配電盤を造営材に取り付け，又はこれを取り外す作業

ル　接地線（電気さくを使用するためのものを除く．以下この条において同じ．）を自家用電気工作物（自家用電気工作物のうち最大電力 500 kW 未満の需要設備において設置される電気機器であって電圧 600 V 以下で使用するものを除く．）に取り付け，若しくはこれを取り外し，接地線相互若しくは接地線と接地極（電気さくを使用するためのものを除く．以下この条において同じ．）とを接続し，又は接地極を地面に埋設する作業

ヲ　電圧 600 V を超えて使用する電気機器に電線を接続する作業

　したがって，電気工事士法に規定する自家用電気工作物において，電線を接続する作業，電線管に電線を収める作業，配線器具に電線を接続する作業，電線管をボックスと接続する作業，金属製のボックスを造営材に取り付け・取り外す作業などは，第 1 種電気工事士でなければ従事することができません．

第1種電気工事士試験とは

■第1種電気工事士免状

電気工事士法第3条のとおり，第1種電気工事士とは，第1種電気工事士免状の交付を受けている者と規定されています．電気工事士免状については，電気工事士法に次のように規定されています．

電気工事士法
（電気工事士免状）
第4条　電気工事士免状の種類は，第1種電気工事士免状及び第2種電気工事士免状とする．

2　電気工事士免状は，**都道府県知事が交付する**．

3　第1種電気工事士免状は，次の各号の一に該当する者でなければ，その交付を受けることができない．

一　**第1種電気工事士試験に合格し**，かつ，経済産業省令で定める電気に関する工事に関し経済産業省令で定める**実務の経験を有する者**

二　経済産業省令で定めるところにより，前号に掲げる者と同等以上の知識及び技能を有していると**都道府県知事が認定した者**

したがって，第1種電気工事士免状を受けるためには，次のいずれかに該当する必要があります．

① 第1種電気工事士試験合格＋電気工事の実務経験

② 都道府県知事の認定

■第1種電気工事士試験

第1種電気工事士試験については，電気工事士法施行令に次のように規定されています．

電機工事士法施行令

（電気工事士試験）

第7条　電気工事士試験（以下「試験」という．）は，筆記試験又は電子計算機を使用する方法による試験（以下「学科試験」という．）及び技能試験の方法により行う．

（学科試験）

第8条　学科試験は，次の表の左欄に掲げる試験の種類に応じて，それぞれ同表の右欄に掲げる科目について行う．

試験の種類	科目
第1種電気工事士試験	一　電気に関する基礎理論 二　配電理論及び配線設計 三　電気応用 四　電気機器，蓄電池，配線器具，電気工事用の材料及び工具並びに受電設備 五　電気工事の施工方法 六　自家用電気工作物の検査方法 七　配線図 八　発電施設，送電施設及び変電施設の基礎的な構造及び特性 九　一般用電気工作物等及び自家用電気工作物の保安に関する法令

（技能試験）

第10条　技能試験は，当該試験の学科試験の合格者又は前条の規定により学科試験を免除された者に対し，第8条第1項の表の左欄に掲げる試験の種類に応じて，それぞれ同表の右欄に掲げる科目の範囲内において，経済産業省令で定めるところにより，必要な技能について行う．

　すなわち，第1種電気工事士は学科試験と技能試験により実施され，学科試験の試験科目は第8条の表のとおりです．

■第1種電気工事士の学科試験の免除

第1種電気工事士の学科試験の免除について，電気工事士法施行令に次のように規定されています．

電気工事士法施行令
（学科試験の免除）
第9条　電気事業法（昭和39年法律第170号）第44条第1項第一号の**第1種電気主任技術者免状**，同項第二号の**第2種電気主任技術者免状**若しくは同項第三号の**第3種電気主任技術者免状**の交付を受けている者又は旧電気事業主任技術者資格検定規則（昭和7年逓信省令第五十四号）により電気事業主任技術者の資格を有する者に対しては，その申請により，第1種電気工事士試験の学科試験を免除する．
3　学科試験に合格した者に対しては，その申請により，**次回のその合格した学科試験に係る試験と同一の種類の試験の学科試験を免除する**．

要するに，第1種，第2種，第3種電気主任技術者と，すでに学科試験を合格した者が技能試験に不合格となり再受験する場合は，申請により学科試験を免除することが可能です．

■都道府県知事の認定による第1種電気工事士の取得

都道府県知事の認定による第1種電気工事士の取得については，電気工事士法施行規則に次のように規定されています．

電気工事士法施行規則
（第1種電気工事士の認定の基準）
第2条の5　法第4条第3項第二号の認定は，次の各号の一に該当する者について行う．
一　電気事業法（昭和39年法律第170号）第44条第1項第一号の第1種電気主任技術者免状，同項第二号の第2種電気主任技術者免状若しくは同項第三号の第3種電気主任技術者免状（以下「**電気主任技術**

者免状」と総称する.）の交付を受けている者又は旧電気事業主任技術者資格検定規則（昭和7年逓信省令第五十四号）により電気事業主任技術者の資格を有する者（以下単に「電気事業主任技術者」という.）であって，電気主任技術者免状の交付を受けた後又は電気事業主任技術者となった後，電気工作物の工事，維持又は運用に関する実務に5年以上従事していたもの
二　前号に掲げる者と同等以上の知識及び技能を有すると明らかに認められる者であって，経済産業大臣が定める資格を有するもの

したがって，第1種，第2種，第3種電気主任技術者免状の交付後，5年の実務経験を有する者は，第1種電気工事士試験を受けることなく，都道府県知事の認定により第1種電気工事士の免状を取得することが可能です．

なお，上記二号に規定されている「経済産業大臣が定める資格を有するもの」については，「電気工事士法（昭和35年8月1日法律第139号）の逐条解説（平成20年12月版）」に次のように記述されています．

（経済産業省告示第929号）
電気工事士法施行規則（以下「規則」という.）第2条の5第二号の経済産業大臣が定める資格は，社団法人日本電気協会又は財団法人電気技術者試験センターが行った高圧電気工事技術者試験に合格し，かつ，当該試験に合格した後，規則第2条の4第1項に規定する電気に関する工事に関し3年以上の実務の経験を有していることとする．

● 第1種電気工事士の資格取得のフロー

第1種電気工事士の資格取得のフローは，次のとおりです．

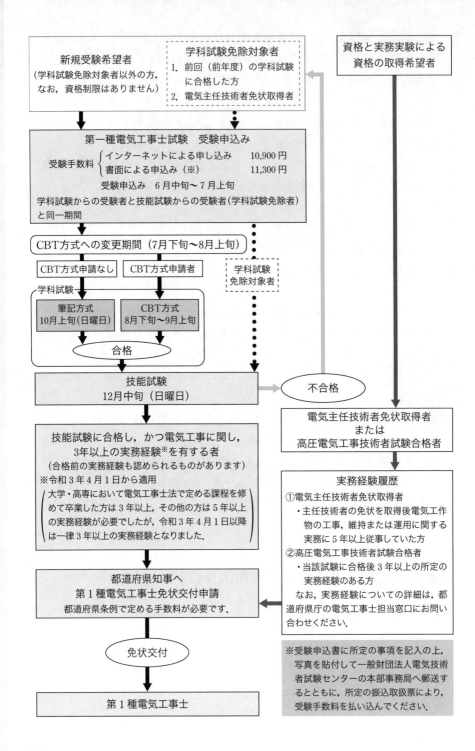

新規受験希望者
（学科試験免除対象者以外の方，なお，資格制限はありません）

学科試験免除対象者
1. 前回（前年度）の学科試験に合格した方
2. 電気主任技術者免状取得者

資格と実務実験による
資格の取得希望者

第一種電気工事士試験　受験申込み
受験手数料 { インターネットによる申し込み　10,900 円
書面による申込み（※）　11,300 円
受験申込み　6 月中旬～7 月上旬
学科試験からの受験者と技能試験からの受験者（学科試験免除者）と同一期間

CBT方式への変更期間（7月下旬～8月上旬）

CBT方式申請なし　　CBT方式申請者

学科試験
免除対象者

学科試験
筆記方式
10月上旬（日曜日）
CBT方式
8月下旬～9月上旬

合格

技能試験
12月中旬（日曜日）

不合格

技能試験に合格し，かつ電気工事に関し，
3年以上の実務経験※を有する者
（合格前の実務経験も認められるものがあります）
※令和 3 年 4 月 1 日から適用
大学・高専において電気工事士法で定める課程を修めて卒業した方は 3 年以上，その他の方は 5 年以上の実務経験が必要でしたが，令和 3 年 4 月 1 日以降は一律 3 年以上の実務経験となりました．

電気主任技術者免状取得者
または
高圧電気工事技術者試験合格者

実務経験履歴
①電気主任技術者免状取得者
・主任技術者の免状を取得後電気工作物の工事，維持または運用に関する実務に 5 年以上従事していた方
②高圧電気工事技術者試験合格者
・当該試験に合格後 3 年以上の所定の実務経験のある方
　なお，実務経験についての詳細は，都道府県庁の電気工事士担当窓口にお問い合わせください．

都道府県知事へ
第 1 種電気工事士免状交付申請
都道府県条例で定める手数料が必要です．

※受験申込書に所定の事項を記入の上，写真を貼付して一般財団法人電気技術者試験センターの本部事務局へ郵送するとともに，所定の振込取扱票により，受験手数料を払い込んでください．

免状交付

第 1 種電気工事士

■ 第 1 種電気工事士筆記試験の概要

第 1 種電気工事士の筆記試験の概要は次のとおりです.

■ 試験科目

① 電気に関する基礎理論
② 配電理論及び配線設計
③ 電気応用
④ 電気機器・蓄電池・配線器具・電気工事用の材料及び工具並びに受電設備
⑤ 電気工事の施工方法
⑥ 自家用電気工作物の検査方法
⑦ 配線図
⑧ 発電施設・送電施設及び変電施設の基礎的な構造及び特性
⑨ 一般用電気工作物等及び自家用電気工作物の保安に関する法令

■ 出題形式

① 出題数：全 50 問（1 問 2 点の 100 点満点）
② 出題形式：四肢択一方式
③ 試験時間：140 分
④ 合格基準：約 60 点（正解率 60 ％）以上
⑤ 電卓の使用：不可

■ 第 1 種電気工事士が受験資格になる代表的な資格試験

第 1 種電気工事士の免状を取得することで，受験することが可能となる代表的な資格試験は次のとおりです.

① 1 級電気工事施工管理技士
② 甲種消防設備士　ほか

■ 第 1 種電気工事士　学科試験の攻略のポイント

■ 問題が解けることに重点を置く

第 1 種電気工事士の学科試験の出題範囲のうちの高圧の受変電設備は，スイッチ，コンセント，照明器具とは違い，日常生活でみることもなく，

人によってはなじみのない分野になります．深く理解しようとすると時間がかかるので，詳細は第1種電気工事士になってから学習するとして，まずは問題が解けて試験に合格できることを目指しましょう．

■ 第2種電気工事士の学科試験で学習したことを活用する

第1種電気工事士の学科試験の出題範囲のうち，基本理論，低圧部分，電気工事士法などの分野は，第2種電気工事士の学科試験の出題範囲と共通の分野です．第2種電気工事士の受験勉強を経験した人は，第1種，第2種電気工事士試験の共通の分野を活用することが可能です．

■ 計算問題は可能な限り対応する

目に見えない物理量である電気を取り扱う上で，諸元を数値化して，計算して，数量を求めることである電気計算は避けて通れません．第1種電気工事士の学科試験に出題されるレベルの電気計算ができるためには，少なくとも中学数学はマスターしている必要があります．数学の積み重ねが必要で，中学数学が欠落している状態でいくら交流理論の計算問題などを積み上げようとしても積み上がりません．これが，過去の経歴に関係なく新しいことを覚えればよい暗記系の問題と，過去の経歴がものをいう計算系の問題の違いで，計算問題を苦手にしている人が多いことの本質です．

諸般の事情で中学数学が欠落してしまった人は，中学数学までさかのぼって積み上げる必要があります．中学数学を復習して思い出しながら，できる範囲でよいので計算問題に対応する必要があります．すべての計算問題に完璧に対応する必要はありませんが，すべての計算問題を放棄することは無謀です．できる範囲で対応しましょう．また，本試験では電卓は使用できませんので，手で計算できるように練習しましょう．

■ 過去に繰り返し出題されている易しい問題を取りこぼさない

実際の試験問題は，次の3つに分類されます．

① 過去に繰り返し出題された易しい問題
② 過去に繰り返し出題された難しい問題
③ 過去に出題されたことのない問題

このうち「①過去に繰り返し出題された易しい問題」を取りこぼさないよう重点的に学習し，この部分での正解率を高めることが合格のポイントです．

第 2 章

基礎知識（電気）

01 電流・電圧・抵抗

■電気とは

物質は原子で構成されています．原子は，原子核と電子から構成され，原子核は陽子と中性子で構成されています．このうち陽子と電子は，それぞれプラスとマイナスの電気を帯びています．電気を帯びていることを帯電といいます．陽子や電子のように帯電している粒子を電荷といいます．陽子はプラスの電荷なので正電荷，電子はマイナスの電荷なので負電荷といいます．電荷が帯びている電気の量を電気量といい，記号 Q 単位 C（クーロン）で表されます．電気とは，陽子や電子などの正電荷や負電荷がたまったり，動いたりすることで生じる諸現象です．

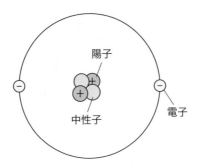

原子の構成要素

■電流とは

電流とは，電荷の流れをいいます．電流は記号 I で表され，電流の大きさは単位 A（アンペア）で表されます．1 A とは，1 秒間に 1 C の電荷が流れるときの電流の大きさを表しています．

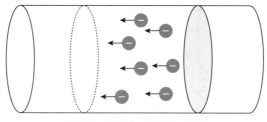

1秒間に通過した電荷＝電流

■ 電圧とは

　電圧とは，電流を流そうとする電気的な圧力をいいます．記号は E または V，単位は V（ボルト）で表されます．電気的な圧力である電圧を高めようとする力を起電力といいます．起電力の単位も V で表されます．また電気的な位置エネルギーを電位といい，電位の差を電位差といいます．電位も電位差も単位は V で表されます．電圧と電位の関係は，水圧と水位の関係に置き換えると理解しやすいです．重力空間においては水位により水圧が生じ，同様に電気的な空間においては電位により電圧が生じます．

■ 抵抗とは

　抵抗とは，電気抵抗ともいい，物体の電流の流れにくさをいいます．記号は R，単位は Ω（オーム）で表されます．1 Ω とは，1 V の電圧を加えたとき 1 A の電流が流れるときの抵抗の大きさをいいます．抵抗に関する基本事項は次のとおりです．

1　オームの法則

　下図のように $R[\Omega]$ の抵抗に $V[\mathrm{V}]$ の電圧を加え，$I[\mathrm{A}]$ の電流が流れたとき，次の関係式が成り立ちます．

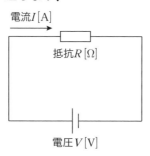

電流 $I[\mathrm{A}]$

抵抗 $R[\Omega]$

電圧 $V[\mathrm{V}]$

$$V = IR, I = \frac{V}{R}, R = \frac{V}{I}$$

この関係式で表される法則をオームの法則といいます.

2 導体，絶縁体，半導体

物質は，電気を流しやすい導体，電気を流しにくい絶縁体，その中間の性質の半導体に大別されます.

3 物体の抵抗

下図のような形状・抵抗率の物体の抵抗 $R[\Omega]$ は次式で表されます.

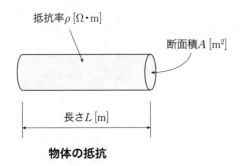

抵抗率$\rho\,[\Omega \cdot \mathrm{m}]$

断面積$A\,[\mathrm{m}^2]$

長さ$L\,[\mathrm{m}]$

物体の抵抗

$$R = \rho \frac{L}{A}$$

したがって，物体の抵抗は長さに比例し，断面積に反比例します. すなわち物体が長いほど抵抗は大きくなり，物体が太いほど抵抗は小さくなります. なお，抵抗率とは，断面積 $1\,\mathrm{m}^2$，長さ $1\,\mathrm{m}$ の物体が示す抵抗の値 $[\Omega]$ で表され，物質固有の数値を示します. 電流を流しやすい導体の抵抗率は小さく，電流を流しにくい絶縁体の抵抗率は大きくなります.

4 電圧降下

抵抗に電流が流れると電圧が低下します. これを電圧降下といいます. 抵抗 $R[\Omega]$ の抵抗に電流 $I[\mathrm{A}]$ が流れたときの電圧降下 $v[\mathrm{V}]$ は，オームの法則より次式で表されます.

$$v = IR$$

5 電力損失

抵抗に電流が流れると発熱します. これは電気エネルギーが熱エネルギーに変換されて消費されたことを意味しています. $R[\Omega]$ の抵抗に $I[\mathrm{A}]$ の電流が t 秒間流れたときに生じる熱量 $H[\mathrm{J}\,(ジュール)]$ は次式で表されます.

$$H = I^2Rt$$

また，**電気が1秒間当たりにする仕事を電力**といい，記号 P，単位 W（ワット）で表されます．したがって，J と W と s（秒）の間には次の関係式が成り立ちます．

$$J = Ws \quad W = \frac{J}{s}$$

この関係式から電力 P[W] は次式で表されます．

$$P = \frac{H}{t} = I^2R$$

すなわち，R[Ω] の抵抗に I[A] の電流が流れるとき，**抵抗で消費される電力** P[W] は I^2R で表されます．電線の抵抗など電気を送る途中の抵抗で消費される電力を**電力損失**といいます．

02 絶縁・短絡・漏電・地絡・接地

■絶縁

　絶縁とは，非常に大きな抵抗の物体などにより電流が流れにくくなっている状態をいいます．電流が流れる経路を電路といい，電路には電流を流しやすい導体が用いられます．電気を安全に使用するためには電路に電流を流し，電路以外には電流を流さないようにすることが重要です．電路以外に電流が流れることを漏電といい，漏電は感電や火災の原因になります．

　電流を流しやすい導体である電路の周りを，電流を流しにくい絶縁体で被覆するなどして，**電路を電路以外と電気的に絶縁し，電流が電路以外に漏れ出さないようにすることが電気を安全に使用するために重要です．**

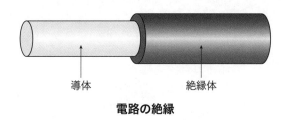

導体　　　　　　　　絶縁体

電路の絶縁

■短絡とは

　電流は回路を形成して流れます．回路とは，ものの流れる経路がループ状になっているものをいい，電流が流れる回路を電気回路といいます．短絡とは，ショートともいい，抵抗が非常に小さい電気回路が形成される状態をいいます．事故などで本来，短絡状態にしてはいけない部分を短絡させてしまうと，通常の電流に比べて非常に大きな電流が流れます．短絡により抵抗の非常に小さい状態で電気回路が形成されるため，オームの法則 $I = \dfrac{V}{R}$ で示すとおり非常に大きな電流が流れるのです．**電気回路に通常よ**

りも非常に大きな電流が流れると電気回路は過熱し，電線や機器などを焼損させるおそれがあります．

したがって，本来，短絡させてはいけない部分を短絡させないようにするとともに，万一，短絡して過大な電流（過電流という）が流れてしまったら，速やかに電気回路を遮断する安全装置が必要となります．

● 漏電・地絡とは

漏電とは，前記したとおり，電路以外に電流が流れることをいい，漏電は感電や火災の原因になります．漏電した電流が大地に達した状態を地絡といいます．電路は完全に空中に浮いているわけではないので，電路以外に漏れ出した電流は電路の支持材を介して大地に達し地絡状態になります．漏電や地絡を生じさせないためには電路を絶縁することが大切です．

漏電・地絡が生じると感電や火災の原因になるので，電路を絶縁しつつ，万一，漏電・地絡が生じたときに，速やかに電気回路を遮断する安全装置が必要です．

● 接地とは

接地とは，アースともいい，電路や電気機器の外箱（外側の箱）と大地を抵抗の小さい導体で接続することをいいます．電路にあらかじめ施しておく接地の目的は，異常な電圧上昇の抑制，電気機器の外箱にあらかじめ

アース線なし

アース線あり

←—— 漏電時の電気の流れ

接地と感電

施しておく接地の目的は，**漏電による感電防止**です．電気機器の外箱に接地を施しておけば，万一，電気機器の外箱に漏電している状態で人が触れたとしても，接地線に電流が流れ，**人体には電流はあまり流れず感電しに**くくなります．なお，感電とは，人体に電流が流れることによって生じます．電流の大きさが大きいほど，電流の流れる時間が長いほど，感電による人体へのダメージは大きくなります．

03 直流と交流・電圧区分

■直流

　直流とは，電圧・電流の方向が一定方向の電気をいいます．乾電池などの電池から生じる電気は，電池のプラス極からマイナス極に常に一定方向に発生する電気なので直流です．ビルの防災用電源などに用いられている蓄電池装置のことを直流電源装置といいます．

■交流

　交流とは，電圧・電流の方向が周期的に変化する電気をいいます．回転運動により電気を発生させる発電機から生じる電気は，電圧・電流の方向が周期的に変化する交流の電気です．回転運動に由来する発電機の電気は本来交流ですが，整流装置（交流を直流にする装置）により直流に変換している発電機を直流発電機といいます．交流をそのまま出力する発電機を交流発電機といいます．

　電力会社の発電所の発電機は交流発電機です．電力会社の発電所で生み出された交流は，送電線，変電所，配電線を介して，ビルや工場，家庭に引き込まれ，電灯やコンセントに供給されています．

常に電圧も電流の向きも一定

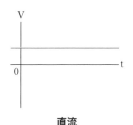

直流

常に電圧の向きが周期的に入れ換わり，電流の向きも入れ換わります．

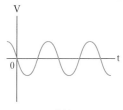

交流

また，交流には単相交流と三相交流があります．単相交流とは波形が1つの交流をいいます．三相交流とは単相交流を3つ組み合わせたもので，波形が3つの交流をいいます．単相交流は主に電灯やコンセントの回路に，三相交流は主に電動機などの動力の回路に供給されています．

三相交流

● 電圧区分

電圧は，電気設備に関する技術基準を定める省令に次のように規定されています．

(電圧の種別等)
第2条　電圧は，次の区分により低圧，高圧及び特別高圧の3種とする．
一　低圧　直流にあっては750 V 以下，交流にあっては600 V 以下のもの
二　高圧　直流にあっては750 V を，交流にあっては600 V を超え，7 000 V 以下のもの
三　特別高圧　7 000 V を超えるもの

電圧の種別

区　分	直　　　流	交　　　流
低　圧	750 V 以下	600 V 以下
高　圧	750 V を超え 7 000 V 以下	600 V を超え 7 000 V 以下
特別高圧	7 000 V を超えるもの	7 000 V を超えるもの

高圧の区分の定義を覚えておきましょう．

第 **3** 章

基礎知識（電気機器）

01 電気の流れ

● 発電・変電・送配電

　発電所で発電された電気は，送電線，変電所，配電線を経由して，工場，ビル，商店，家庭などの電気を使用する需要家に供給されます．

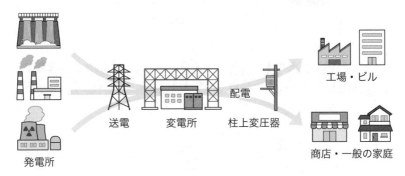

電気の流れ

● 発電所

　発電所では，水力，火力，原子力，風力などのエネルギーを利用して発電機を回して発電します．発電機とは，磁界中の導体を動かすと電気が発生する原理を利用して，回転させると電気が発生する機器です．主な発電所は次のとおりです．

水力発電所

　水力発電所では，高いところから水を落として水車を回し，水車に直結された発電機を回して発電します．

火力発電所

　火力発電所では，石油や石炭などの燃料を燃焼させて水を加熱して蒸気を発生させ，蒸気によりタービンを回して，タービンに直結された発電機を回して発電します．タービンとは，圧力を有する気体を流すことにより回転する機器です．

原子力発電所

　原子力発電所では，放射性原子のもつエネルギーを利用して発電します．放射性原子のもつエネルギーを核分裂反応により熱エネルギーとして取り出して，水を加熱して蒸気を発生させ，蒸気によりタービンを回して，タービンに直結された発電機を回して発電します．

太陽光発電所

　太陽光発電所では，光が当たると発電する太陽光パネルを用いて発電します．

風力発電所

　風力発電所では，自然に吹く風を利用して風車を回し，風車に連結された発電機を回して発電します．

バイオマス発電所

　バイオマス発電所では，バイオマスと呼ばれる生物由来の物質を，燃料として燃焼させたり，発酵させたりして熱を発生させ，その熱エネルギーを利用して発電機を動かすことで発電を行います．

● 変電所

　変電所では，発電機で発電された比較的低い電圧を，電気を遠くまで送電するために高い電圧に変換したり，高い電圧で送電されてきた電圧を需要家に配電するために低い電圧に変換したりします．電圧を変換する機器には変圧器が用いられます．変圧器とは，交流の電気を入力すると，入力された電圧に対して一定の比率の電圧が出力される機器です．

　山間部にある水力発電所や海岸部にある火力発電所から需要家の多くが集中する都市まで，数十 km から数百 km の比較的長い距離をロスなく送電するためには，より高い電圧にする必要があります．高い電圧で送電されてきた電気は，次の図のように変電所により順次，段階的に電圧が下げられて，各需要家に配電されます．

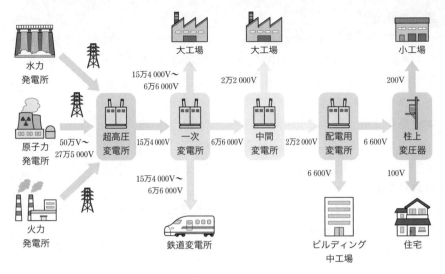

変電所の例

● 送配電

　送電と配電を合わせて送配電といいます．送電とは，発電所と変電所の間や変電所と変電所の間の電気事業者間に電気を送ることをいいます．配電とは，変電所から需要家に電気を配ることをいいます．

　送配電は，架空方式と地中方式に大別されます．架空方式とは，鉄塔や電柱などの支持物に電線を架線して電気を送る方式をいいます．地中方式とは，電線を地下構造物に収納するなどして電気を送る方式をいいます．架空方式の電線には，送電線には裸電線，配電線には絶縁電線が用いられています．地中方式の電線には，送電線も配電線もケーブルが用いられています．

　裸電線とは導体のみで構成される電線，絶縁電線とは導体と絶縁体で構成される電線，ケーブルとは絶縁電線をさらに外装（シースともいう）などで被覆した電線をいいます．

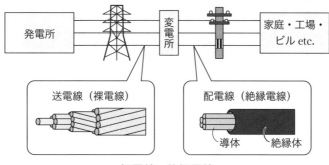

裸電線・絶縁電線

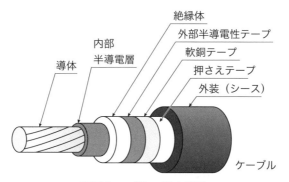

高圧ケーブルの基本構造

02 電気機器

■ 主な電気機器

主な電気機器は次のとおりです．
① 電気を起こす発電機
② 電圧を変換する変圧器
③ 電気で動く電動機
④ 電気を流したり，停めたりする開閉器

■ 発電機

発電機とは，水車，風車，タービン，エンジンなどの**動力源により回転**
し，電気を生み出す機器です．発電機の動力源を原動機といいます．原動
機と発電機は回転軸で直結された構造をしています．発電機とは原動機の
回転エネルギーを電気エネルギーに変換する機器です．発電機は原動機の
種類により次のように分類されます．

① **水車発電機**

水車発電機とは，水力発電所の**水車により発電機を回して電気を生み出**
す発電機です．

② **風車発電機**

風車発電機とは，風力発電所の**風車により発電機を回して電気を生み出**
す発電機です．

③ **蒸気タービン発電機**

蒸気タービン発電機とは，火力発電所や原子力発電所のボイラで発生し
た蒸気を利用して**蒸気タービンを回転させ，回転軸で直結された発電機を**
回して電気を生み出す発電機です．

④ **ガスタービン発電機**

ガスタービン発電機とは，重油や軽油などの燃料を燃焼させて発生した
燃焼ガス（いわゆる排ガス）を利用してタービンを回転させ，回転軸で直

結された発電機を回して電気を生み出す発電機です．ガスタービン発電機は，火力発電所や需要家の非常発電機などに用いられています．

⑤　ディーゼル発電機

　ディーゼル発電機とは，ディーゼルエンジンという内燃機関内で重油や軽油などの燃料を燃焼させて**ディーゼルエンジンを回転**させ，回転軸で直結された発電機を回して電気を生み出す発電機です．なお，内燃機関とは，燃料の燃焼が機関の内部で行われる熱機関をいいます．

● 変圧器

　変電所では，発電機で発電された比較的低い電圧を，電気を遠くまで送電するために高い電圧に変換したり，高い電圧で送電されてきた電圧を需要家に配電するために低い電圧に変換したりしますが，**電圧を変換するために変圧器が用いられます**．変圧器とは，交流の電気を入力すると，入力された電圧に対して**一定の比率の電圧が出力される**機器です．変圧器には，高電圧を低電圧に電圧を下げる降圧変圧器と，低電圧を高電圧に上げる昇圧変圧器に大別されます．

　変圧器の構造は，電圧を発生させる巻線，磁束を通す鉄心，それらを収める外箱，入力側と出力側にある巻線を絶縁するための絶縁材で構成されています．変圧器は，絶縁材の構造により次の種類の変圧器があります．

①　油入変圧器

　油入変圧器とは，**巻線を絶縁する絶縁材に絶縁油**を用いた変圧器です．

②　モールド変圧器

　モールド変圧器とは，**巻線を絶縁する絶縁材にエポキシ樹脂**を用いた変圧器です．モールド変圧器のように絶縁油を用いない変圧器を乾式変圧器ともいいます．

③　ガス絶縁変圧器

　ガス絶縁変圧器とは，**巻線を絶縁する絶縁材に絶縁ガス**を用いた変圧器です．絶縁ガスには，絶縁性能が高く不燃性で毒性のない六フッ化硫黄などの不活性ガスが用いられています．

■ 電動機

電動機とは，電気エネルギーを回転エネルギーに変換し，送風機やポンプなどの負荷機器を回転させる機器です．需要家の電動機には，一般的に誘導電動機が用いられています．誘導電動機とは，交流電源により発生した回転する磁界に対し，電動機内部の導体が誘導されて回転する電動機です．誘導電動機は，三相交流により回転する三相誘導電動機と単相交流により回転する単相誘導電動機に大別されます．

■ 開閉器

開閉器とは，工事やメンテナンスのために電気を停めたり，短絡や漏電などの電気事故が発生した際に事故の箇所を回路から切り離したり，工事が終わった後や事故が復旧したときに電気を再び供給するために回路を開閉する機器です．開閉器には，回路を流れる電流を遮断する能力により，断路器，負荷開閉器，遮断器に分類されます．

電流を遮断する能力とは，高電圧大電流の電気を遮断できる能力をいいます．100 V 15 A 程度の低電圧小電流の場合は，単に接点を開放すれば電流は遮断できますが，6 600 V 100 A 程度の高電圧大電流の場合は，単に接点を開放しただけでは，雷のように空気中を電流が流れるアーク放電が発生し電流が流れ続け遮断できません．高電圧大電流の開閉器には，アーク放電を継続させることなく遮断できる能力を有した機器を用いる必要があります．

断路器，負荷開閉器，遮断器の概要は次のとおりです．

① 断路器

断路器には基本的には電流の遮断能力はありません．断路器は，工事やメンテナンスのための停電作業中に，誤ってほかの開閉器が ON されても停電作業箇所に電気がこないようにするために，電流が流れていない状態で物理的に電気回路から切り離すための機器です．なお，電流が流れている状態で断路器を OFF にすると切り離された接点部分にアーク放電が発生し，非常に危険です．断路器は，必ず電流の流れていない状態で開閉する必要があります．

②　負荷開閉器

　負荷開閉器とは，**負荷電流**，すなわち送風機やポンプなどの負荷を正常状態で使用している**通常の電流を遮断することのできる開閉器**です．高電圧の負荷電流が流れている状態で回路の接点を切り離すとアーク放電が生じますが，負荷開閉器は**アーク放電を消失させて負荷電流を遮断すること**ができます．アーク放電を消失させることを消弧といい，負荷開閉器は消弧室と呼ばれる部分で消弧してアーク放電を消失させて負荷電流を遮断しています．

③　遮断器

　遮断器とは，通常の電流である負荷電流はもとより，短絡時や過負荷時の過電流も遮断できる開閉器です．特に短絡時には極めて大きな電流である短絡電流が流れ，負荷開閉器では遮断できません．短絡電流を遮断するためには遮断器が用いられます．遮断器は，**短絡電流が流れている状態で接点を切り離すときに発生する強烈なアーク放電を消弧する能力を有している開閉器**です．遮断器は，消弧媒体という消弧する部材により分類され，主なものは次のとおりです．

真空遮断器：真空遮断器は，真空中では消弧しやすいという性質を利用して，真空中で通電中の接点を切り離すことにより，電流を遮断する開閉器です．需要家の**高圧電路の遮断器に多用**されています．

ガス遮断器：ガス遮断器は，消弧性能に優れる六フッ化硫黄などの**不活性ガス中で通電中の接点を切り離すことにより，電流を遮断する開閉器**です．

第 **4** 章

配線図

01 単線結線図

■受変電設備（低圧非常用予備発電装置のある CB 形）

　次の図は，低圧の非常用予備発電装置を有する CB 形の受変電設備の単線結線図です．CB 形とは主遮断装置が高圧交流遮断器（CB）である受変電設備をいいます．**単線結線図とは，本来，複数ある電線を1本で示した図**で，各機器の系統や結びつきを理解しやすく表現するために用いられます．

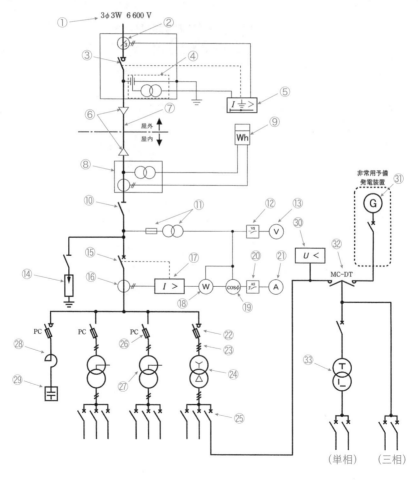

　図中の，低圧の非常用予備発電装置を有する CB 形の受変電設備の単線結線図で示される①～㉝の部分についての解説は次のとおりです．

① 3φ3W 6 600 V

　受電する電気方式が，三相三線 6 600 ボルトであることを表記しています．φは相を，W は［wire］の略で線の数を，V は電圧の単位のボルトです．ここでの W は電力の単位のワットではないので，気をつけましょう．

② 零相変流器（ZCT）

　漏電して地絡したときに流れる零相電流を検出するための機器です．零相電流は電線の 3 線すべて変流器に通して検出するため，図記号は丸印の中に「3」と表記します．零相電流とは，地絡事故時に各線に流れる電流が不平衡になることで生じる電流で，単相でも三相でもないので零相と呼ばれます．

③ 高圧交流負荷開閉器（PAS）

　通常の使用状態で流れる負荷電流を開閉するための開閉器（スイッチ）です．送配電事業者と需要家の設備を区分するための区分開閉器として設置されます．受変電設備の工事や点検のために受変電設備を停電させるときには，③高圧交流負荷開閉器（PAS）を操作して停電させます．また電柱の上に設置されているものを柱上気中開閉器［Pole Air Switch］といいます．

④ 零相基準入力装置（ZPD）

　漏電して地絡したときに発生する零相電圧を検出するための機器です．点線の枠内に描かれている重なり合う 2 つの円は変圧器を示しています．機器内部の変圧器により零相電圧を検出しています．

⑤ 地絡方向継電器（DGR）

　②零相変流器（ZCT）からの零相電流と④零相基準入力装置（ZPD）からの零相電圧の信号を受けて地絡電流の大きさと方向を検出し，地絡事故点が需要家内の地絡事故と判断される場合には，③高圧交流負荷開閉器（PAS）を開放します．地絡電流の大きさとともに，地絡電流の流れる方向を判断して，開閉器に開放信号を出します．このように③高圧交流負荷開閉器（PAS）に⑤地絡方向継電器（DGR）を組み合わせた装置を，地絡方向継電器付柱上用気中開閉器（DGR 付 PAS）といいます．

⑥ ケーブルヘッド（CH）

　高圧ケーブルの端末部分をいいます．

⑦　高圧ケーブル

ケーブルヘッドとケーブルヘッドの間の高圧ケーブルです．

⑧　電力需給用計器用変成器（VCT）

主回路部分の高い電圧をより低い電圧に，主回路部分の大きな電流をより小さな電流に変換して，⑨電力量計（Wh）に送る機器です．高電圧大電流のまま⑨電力量計（Wh）に送ると危険なので，ある一定の比率で低減した電圧，電流を供給しています．

図記号は，2つの円が重なっている部分は変圧器（VT）を，主回路部分に重なっている円の部分が変流器（CT）を示しています．変圧器（VT）で電圧を，変流器（CT）で電流を一定の比率で変換しています．

⑨　電力量計（Wh）

電気事業者が電気料金を課金するために電力量を計量する計器です．図記号は電力量の単位である［Wh］が表記されます．

⑩　断路器（DS）

断路器には電流を開閉・遮断する能力はなく，停電作業時に誤って送電されないように，停電時に電路を物理的に切り離すための機器です．図の例では，需要家の停電作業中に⑩断路器（DS）を開放して切り離しておけば，作業中に誤って③高圧交流負荷開閉器（PAS）が投入されても，断路器以降には送電されないようにすることができます．

⑪　計器用変圧器（VT）

主回路部分の高い電圧をより低い電圧に変換して，⑬電圧計（V）に送る機器です．高電圧のまま⑬電圧計（V）に送ると危険なので，ある一定の比率で低減した電圧を供給しています．また図記号の長方形を線が貫通している部分は⑪計器用変圧器（VT）に実装されているヒューズです．ヒューズは，⑪計器用変圧器（VT）の故障時に，内部の部材が故障時の大電流により発生した熱で溶けることにより回路を遮断する保護機器です．熱で溶けることにより電流を遮断することを溶断といいます．

⑫　電圧計切換スイッチ（VS）

⑬電圧計（V）で表示する電圧を切り換えるスイッチです．高圧の三相の各線はアルファベットでR，S，Tで表記され，⑫電圧計切換スイッチ（VS）は⑬電圧計（V）で表示する電圧をR-S間，S-T間，T-R間に切り換えるスイッチです．

⑬　電圧計（V）

電圧を表示する計器です．図記号は電圧の単位である［V］が表記されます．

⑭　避雷器（LA）

雷などによる異常な高電圧が配電線から受変電設備に侵入しないようにする機器です．異常な高電圧が受変電設備に侵入すると過電圧により受変電設備機器が故障するので，異常な高電圧を避雷器を介して大地に逃して，異常な高電圧が受変電設備に侵入しないようにします．

⑮　高圧交流遮断器（CB）

通常時に流れる負荷電流の遮断，ならびに短絡や過負荷などの過電流の遮断を行う機器です．この受変電設備の主遮断装置であり，このように主遮断装置に遮断器（CB）を用いた形式の受変電設備をCB形といいます．

⑯　計器用変流器（CT）

主回路部分の大きな電流をより小さな電流に変換して⑰過電流継電器（OCR）と㉑電流計（A）などに送る機器です．大電流のまま⑰過電流継電器（OCR）や㉑電流計（A）などに送ると機器が大形になり不経済なので，ある一定の比率で低減した電流を供給しています．図記号では主回路に円を重ねて描かれます．

⑰　過電流継電器（OCR）

⑯計器用変流器（CT）から変換された電流の供給を受け，その電流の大きさがある一定以上の大きさ（過電流）である場合には，⑮高圧交流遮断器（CB）に遮断信号を送って⑮高圧交流遮断器（CB）で遮断させる保護継電器です．

⑱　電力計（W）

⑪計器用変圧器（VT）から変換された電圧を，⑯計器用変流器（CT）から変換された電流を受けて，主回路の電力を表示する計器です．図記号は電力の単位である［W］が表記されます．

⑲　力率計（cos φ）

⑪計器用変圧器（VT）から変換された電圧を，⑯計器用変流器（CT）から変換された電流を受けて，主回路の力率を表示する計器です．図記号では力率を意味する cos φ が表記されます．

⑳　電流計切換スイッチ（AS）

㉑電流計で表示する電流を切り換えるスイッチです．電流計（A）で表

示する電流を R，S，T と切り換えます．

㉑　電流計（A）

　電流を表示する計器です．図記号は電流の単位である［A］が表記されます．

㉒　限流ヒューズ付き高圧交流負荷開閉器（PF 付 LBS）

　通常の使用状態で流れる負荷電流は負荷開閉器で開閉し，短絡時の大電流である短絡電流は限流ヒューズで遮断する機器です．

㉓　電線本数の表記

　必要に応じて必要な部分の電線本数を表記します．図の部分は 3 本の斜線で電線本数が 3 本であることを表記しています．

㉔　三相変圧器（T）

　三相の高電圧を三相の低電圧に変換する機器です．図記号の 2 つの重なり合う円は変圧器を表記しています．図記号の円の中に描かれている，Y，Δ は変圧器の巻線の結線方式を示しています．

㉕　配線用遮断器（MCCB）

　低圧配線に短絡や過負荷などの過電流が生じたときに自動的に回路を遮断する機器です．㉕配線用遮断器（MCCB）の図記号と⑮高圧交流遮断器（CB）の図記号は同じです．どこで判断して見分けるかというと，図記号が描かれている場所で判断します．変圧器（T）の上流側（一次側という）の高圧部分に描かれていれば高圧交流遮断器（CB），変圧器（T）の下流側（二次側という）の低圧部分に描かれていれば配線用遮断器（MCCB）です．㉕配線用遮断器（MCCB）は，電流を検出する部分も機器に内蔵されているところが，⑮高圧交流遮断器（CB）と違うところです．

㉖　高圧カットアウトスイッチ（PC）

　⑩断路器（DS）と同様に停電時に電源から回路を切り離すための機器です．またヒューズが内蔵されており，二次側の機器に短絡事故が発生した場合に溶断する保護機能も有しています．

㉗　中間点引き出し単相変圧器（T）

　単相の高電圧を単相の低電圧に変換する機器です．中間点引き出しとは，変圧器巻線の中間点から配線を引き出して，200 V とともにその半分の電圧である 100 V も供給できるようにした変圧器です．

㉘　直列リアクトル（SR）

　㉙進相コンデンサ（SC）に直列に接続され，㉙進相コンデンサ（SC）

に流れる高調波電流を抑制するための機器です．高調波電流とは電源の周波数の数倍の大きさの周波数をもつ電流で，コンデンサに流れやすく，コンデンサの過熱・焼損の原因となります．なお周波数とは，交流の波形が1秒間に波打つ回数をいいます．

㉙　進相コンデンサ（SC）

電圧×電流で表される皮相電力に対する有効電力の比率である力率を改善するための機器です．前述したように，高調波電流を抑制するために㉘直列リアクトル（SR）が一次側に直列に接続されます．

㉚　不足電圧継電器（UVR）

電圧がある一定以下になると信号を発する継電器です．受変電設備においては停電検出のために用いられています．

㉛　非常用予備発電装置（G）

送配電事業者からの電力が絶たれた場合などの停電時において起動し，消防設備などの非常電灯，非常動力の負荷に電気を供給する機器です．図の㉛非常用予備発電装置（G）は，㉔三相変圧器（T）の二次側に接続されているので低圧の発電装置です．

㉜　双投形電磁接触器（MC-DT）

2つの電源を切り換えるための電磁接触器です．電磁接触器とは電磁石の力で接点を開閉するスイッチです．図では㉔三相変圧器（T）を経由する送配電事業者からの電源と㉛非常用予備発電装置（G）からの電源を切り換えるための機器です．MC-DT とは Magnetic Contactor – Double Throw の略です．

㉝　スコット変圧器（T）

㉛非常用予備発電装置（G）の三相の各相に流れる電流が不平衡にならないように，三相交流を単相交流に変換して非常電灯に供給する変圧器です．スコット結線という特殊な結線方式をした変圧器です．

■受変電設備（高圧非常用予備発電装置のあるCB形）

次の図は，高圧の非常用予備発電装置を有するCB形の受変電設備の単線結線図です．

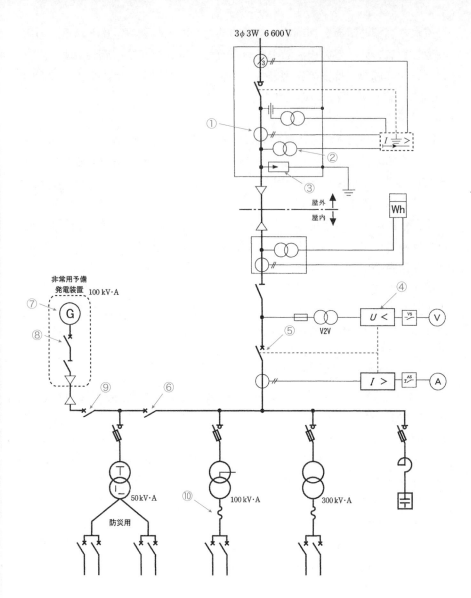

　図は，高圧の非常用予備発電装置を有する CB 形の受変電設備の単線結
線図です．①～⑩の部分については次のとおりです．

① **計器用変流器（CT）**

　高圧交流負荷開閉器（PAS）の機器に内蔵されている①**計器用変流器**
（CT）です．主回路の大電流をある一定の比率で小電流に変換し，地絡方
向継電器（DGR）に供給しています．①**計器用変流器（CT）**からの電流

がある一定以上の電流である場合には，地絡方向継電器（DGR）は，過電流の開閉機能を有していない高圧交流負荷開閉器（PAS）が遮断動作しないようにロックします．このように過電流時に高圧交流負荷開閉器（PAS）が遮断動作しないようにする機能を過電流ロック機能といいます．

② 計器用変圧器（VT）

高圧交流負荷開閉器（PAS）の機器に内蔵されている②計器用変圧器（VT）です．主回路の高電圧をある一定の比率で低電圧に変換し，地絡方向継電器（DGR）に供給しています．高圧交流負荷開閉器（PAS）に内蔵されている②計器用変圧器（VT）を介して，地絡方向継電器（DGR）の稼働に必要な電気を供給しています．

③ 避雷器（LA）

高圧交流負荷開閉器（PAS）の機器に内蔵されている③避雷器（LA）です．区分開閉器である高圧交流負荷開閉器（PAS）に③避雷器（LA）を内蔵することにより，需要家の区分全体を，雷などの異常な高電圧から保護することが可能です．このように②計器用変圧器（VT）と③避雷器（LA）を内蔵している高圧交流負荷開閉器（PAS）を，VT・LA内蔵DGR付PASといいます．

④ 不足電圧継電器（UVR）

②計器用変圧器（VT）から主回路の高電圧を低電圧に変換された電圧を受け，受けた電圧が停電時などで一定の電圧以下になった場合に，⑤高圧交流遮断器（CB）に信号を送って遮断動作させます．

⑤ 高圧交流遮断器（主遮断装置）

前述したように停電などで電圧が不足すると④不足電圧継電器（UVR）からの遮断信号を受けて遮断動作し，⑤高圧交流遮断器（主遮断装置）の一次側の電路と二次側の電路を切り離します．さらに過電流が流れたときにも，過電流継電器からの信号を受けて遮断動作します．

⑥ 高圧交流遮断器（母線連絡）

防災用負荷とその他負荷の間の母線に設けられた高圧交流遮断器（CB）です．また⑥高圧交流遮断器（母線連絡）と⑧高圧交流遮断器（発電機）の間にはインターロックを施します．インターロックとは一方の遮断器がONになっているときは，もう片方の遮断器はONできないようにして，両者が同時にONにならないようにする制御をいいます．⑥高圧交流遮断器（母線連絡）と⑧高圧交流遮断器（発電機）が同時にONになると，送

配電事業者からの電気と非常用予備発電装置からの電気が干渉して不具合が発生するおそれがあるので，これを避けるためにインターロックが施されます．

⑦　非常用予備発電装置（G）

送配電事業者からの電力が絶たれた場合などの**停電時**において**起動し**，消防設備などの**非常電灯**，**非常動力の負荷に電気を供給する機器**です．図の⑦非常用予備発電装置（G）は，各変圧器の一次側に接続されているので高圧の発電装置です．

⑧　高圧交流遮断器（発電機）

⑦非常用予備発電装置（G）に内蔵されている高圧交流遮断器（CB）です．

⑨　高圧交流遮断器（発電機−母線連絡）

⑦非常用予備発電装置（G）と母線の間に設けられた高圧交流遮断器（CB）です．

⑩　可とう導体

地震時等において変圧器の震動が導体に伝わって導体や変圧器の接続部分が破壊されるのを防止するために，導体と変圧器の接続部分の間に設けられる**柔軟性のある導体**です．

停電時，復電時の非常用予備発電装置と主な高圧交流遮断器の動作

停電時

1　送配電事業者からの電気が停止．④不足電圧継電器（UVR）が停電を検出し，⑤高圧交流遮断器（主遮断装置）を ON から OFF にします．

2　⑦非常用予備発電装置（G）を起動させます．

3　⑥高圧交流遮断器（母線連絡）を ON から OFF，⑧高圧交流遮断器（発電機）を OFF から ON，⑨高圧交流遮断器（発電機−母線連絡）を OFF から ON にします．

4　⑦非常用予備発電装置（G）から，⑧高圧交流遮断器（発電機）→⑨高圧交流遮断器（発電機−母線連絡）を経由して，防災用の負荷のみに電気を供給します．

復電時

1. 送配電事業者からの電気が復旧し，④不足電圧継電器（UVR）を復帰させます．
2. ⑧高圧交流遮断器（発電機）をONからOFF，⑨高圧交流遮断器（発電機-母線連絡）をONからOFFにします．
3. ⑤高圧交流遮断器（主遮断装置）をOFFからON，⑥高圧交流遮断器（母線連絡）をOFFからONにします．
4. 送配電事業者からの電気を，⑤高圧交流遮断器（主遮断装置）を経由して，防災用を含むすべての負荷に供給します．
5. ⑦非常用予備発電装置（G）を停止させます．

02 電動機制御回路

基本制御回路

　電動機などの電気機器を運転させたり停止させたり制御するための回路を制御回路といいます．基本的な制御回路を基本制御回路といいます．

1　メーク接点回路

　ボタンを押したりすると閉じる接点を**メーク接点**といい，次の図で表されます．メーク接点は**動作する前の「開」状態**を模して描かれています．

メーク接点

　次の図のメーク接点を用いた回路の一連の動作は次のとおりです．

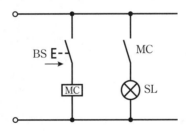

❶ BS（押しボタンスイッチ）を押す．
❷左側の部分の回路が形成されて，MC（電磁継電器）に電流が流れて電磁石が励磁される．
❸ MC が励磁されると右側の部分の MC のメーク接点が閉じる．
❹右側の部分の回路が形成されて SL（表示灯）に電流が流れ SL が点灯する．

2　ブレーク接点回路

　ボタンを押したりすると開く接点を**ブレーク接点**といい，次の図で表されます．ブレーク接点は**動作する前の「閉」状態**を模して描かれています．

ブレーク接点

次の図のブレーク接点を用いた回路の一連の動作は次のとおりです.

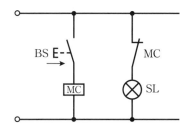

❶ BS（押しボタンスイッチ）を押す.
❷左側の部分の回路が形成されて，MC（電磁継電器）に電流が流れて電磁石が励磁される.
❸ MC が励磁されると右側の部分の MC のブレーク接点が開く.
❹右側の部分の回路が開放されて SL（表示灯）に電流が流れなくなり SL が消灯する.

3 AND 回路

2 つの接点を**直列に接続した回路で，すべての接点が閉じたときに回路が形成される回路**です．次の図の AND 回路の一連の動作は次のとおりです.

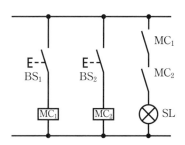

❶ BS₁ を押すと，MC₁ が励磁されて MC₁ のメーク接点が閉じる.
❷さらに BS₂ を押すと，MC₂ が励磁されて MC₂ のメーク接点が閉じる.
❸右側の部分の回路が形成されて SL に電流が流れて SL が点灯する.

4 OR 回路

2 つの接点を**並列に接続した回路で，どちらかの接点が閉じたときに回路が形成される回路**です．次の図の OR 回路の一連の動作は次のとおりです.

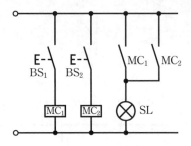

❶ BS_1 を押すと，$\boxed{MC_1}$ が励磁されて MC_1 のメーク接点が閉じる．

❷右側の部分の回路が形成されて SL に電流が流れて SL が点灯する．

または，

❸ BS_2 を押すと，$\boxed{MC_2}$ が励磁されて MC_2 のメーク接点が閉じる．

❹右側の部分の回路が形成されて SL に電流が流れて SL が点灯する．

5 自己保持回路

　自己保持回路とは，電磁継電器の接点を利用して**自己の動作を保持する回路**です．次の図の自己保持回路の一連の動作は次のとおりです．

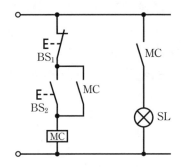

❶ BS_2 を押す．

❷左側の部分の回路が形成されて $\boxed{MC}$ に電流が流れ $\boxed{MC}$ が励磁される．

❸ SL と直列の MC のメーク接点が閉じて右側の部分の回路が形成されて SL に電流が流れて SL が点灯する．

❹同時に BS_2 と並列の MC のメーク接点も閉じる．

❺ BS_2 から指を離して BS_2 の接点が開放状態に復帰しても，BS_2 と並列の MC のメーク接点が閉じているため，$\boxed{MC}$ への励磁が継続し，SL の点灯が継続する．

❻ BS_1 を押すと左側の部分の回路が開放状態となって $\boxed{MC}$ の励磁が消滅する．

❼ SL と直列の MC のメーク接点が開いて右側の部分の回路が開放されて SL に電流が流れず SL が消灯する．

❽同時に BS_2 と並列の MC のメーク接点も開く．

　このように BS_2 から指を離して BS_2 の接点が開放状態に復帰しても，BS_2 と並列の MC が閉じていることにより，$\boxed{MC}$ への励磁を継続させる回路を自己保持回路といいます．

6　インタロック回路

　2 つの回路が同時に動作しない回路をインタロック回路といいます．次の図のインタロック回路の一連の動作は次のとおりです．

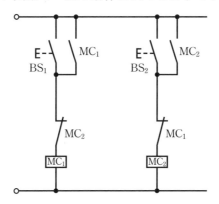

❶ BS_1 を押す．$\boxed{MC_1}$ が励磁される．

❷ BS_1 と並列の MC_1 のメーク接点が閉じて自己保持回路が形成される．

❸ 同時に右側の回路の MC_1 のブレーク接点が開く．

❹ この状態で BS_2 を押しても MC_1 のブレーク接点が開いているので $\boxed{MC_2}$ は励磁されない．

　このように，自系統のブレーク接点を互いに相手側の回路に直列に挿入している回路をインタロック回路といいます．

7　タイマ回路（限時回路）

　電磁継電器が励磁されたとき，設定時間後に動作または復帰させる回路をタイマ回路（限時回路）といいます．次の図のタイマ回路の一連の動作は次のとおりです．

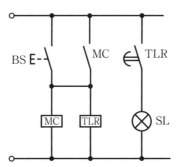

❶ BS を押す.

❷ MC が励磁され MC のメーク接点が閉じて自己保持回路が形成される.

❸ 同時に TLR が励磁される.

❹ 設定時間経過後,TLR の限時動作・瞬時復帰メーク接点が閉じる.

❺ 右側の部分の回路が形成されて SL が点灯する.

タイマ回路の接点には,次のものがあります.

記号				
接点	限時動作・瞬時復帰メーク接点	限時動作・瞬時復帰ブレーク接点	瞬時動作・限時復帰メーク接点	瞬時動作・限時復帰ブレーク接点
動作	ゆっくり閉じて,すぐに開く	ゆっくり開いて,すぐに閉じる	すぐに閉じて,ゆっくり開く	すぐに開いて,ゆっくり閉じる

8 過負荷保護回路

電動機が**過負荷になったときに電動機の焼損を防ぐために働く**回路を過負荷保護回路といいます.過負荷保護回路の一連の動作は次のとおりです.

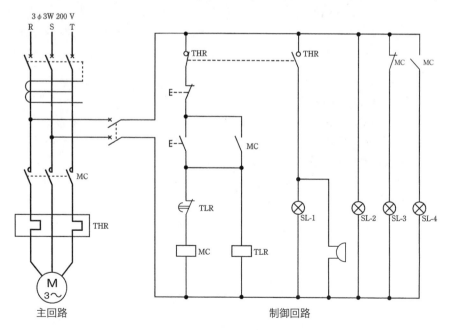

主回路　　　　　　　　　　　　　　　制御回路

❶電動機が運転中に過負荷運転になった.

❷主回路の熱動継電器（THR）が動作する.

❸制御回路のブレーク接点（THR）が開いて，電磁継電器 MC の励磁を消失させて，主回路の電磁接触器（MC）を開いて電動機（M3〜）を停止させる.

❹制御回路のメーク接点（THR）が閉じて，表示灯（SL-1）が点灯しブザーが鳴動する.

■ 電動機制御回路（運転・停止回路）

押しボタンスイッチを押して電動機を運転し，押しボタンスイッチを押して電動機を停止する制御回路です.

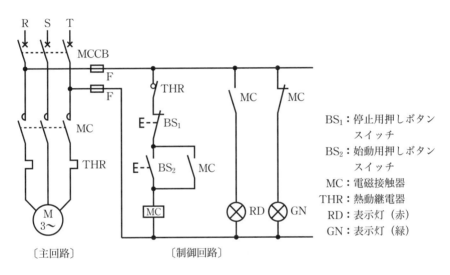

BS$_1$：停止用押しボタン
　　　スイッチ
BS$_2$：始動用押しボタン
　　　スイッチ
MC：電磁接触器
THR：熱動継電器
RD：表示灯（赤）
GN：表示灯（緑）

〔主回路〕　　　　〔制御回路〕

1 運転動作

前の図の電動機制御回路（運転・停止回路）の一連の運転動作は次のとおりです.

❶配線用遮断器（MCCB）は投入，電動機（M3〜）は停止している状態.

❷押しボタンスイッチ（BS$_2$）押す.

❸電磁継電器 MC が励磁される.

❹主回路の電磁接触器（MC）が閉じて，電動機（M3〜）が運転する.

❺制御回路のメーク接点（MC）が閉じて自己保持する.

❻制御回路のメーク接点（MC）が閉じて表示灯（RD）が点灯する.

❼制御回路のブレーク接点（MC）が開いて表示灯（GN）が消灯する.

2　停止動作

前の図の電動機制御回路（運転・停止回路）の一連の停止動作は次のとおりです．

❶電動機（M3〜）は運転状態．

❷押しボタンスイッチ（BS₁）を押す．

❸電磁継電器 [MC] の励磁が消失する．

❹主回路の電磁接触器（MC）が開いて，電動機（M3〜）が停止する．

❺制御回路のメーク接点（MC）が開いて自己保持が解除される．

❻制御回路のメーク接点（MC）が開いて表示灯（RD）が消灯する．

❼制御回路のブレーク接点（MC）が閉じて表示灯（GN）が点灯する．

● 電動機制御回路（正転・逆転回路）

電動機制御回路（正転・逆転回路）とは，押しボタンスイッチを押して電動機を正転運転または逆転運転する制御回路です．三相誘導電動機の回転方向を変えるには，次の図のように三相の3線のうちいずれかの2本を入れ換える必要があります．

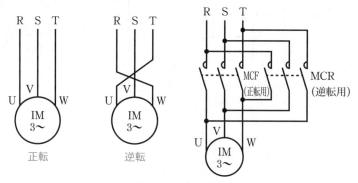

三相誘導電動機の正転・逆転

電動機制御回路（正転・逆転回路）は次のとおりです．

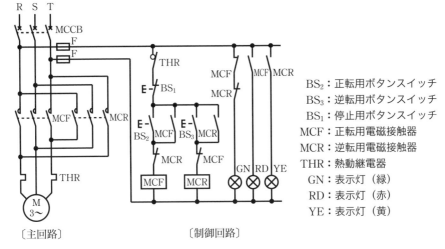

〔主回路〕　　　　　　　　　　　〔制御回路〕

BS₂：正転用ボタンスイッチ
BS₃：逆転用ボタンスイッチ
BS₁：停止用ボタンスイッチ
MCF：正転用電磁接触器
MCR：逆転用電磁接触器
THR：熱動継電器
GN：表示灯（緑）
RD：表示灯（赤）
YE：表示灯（黄）

1　正転動作

前の図の電動機制御回路（正転・逆転回路）の一連の正転動作は次のとおりです.

❶配線用遮断器（MCCB）は投入，電動機は停止している状態.

❷押しボタンスイッチ（BS₂）を押す.

❸電磁継電器 MCF が励磁される.

❹主回路の電磁接触器（MCF）が閉じて，電動機（M3〜）が正転運転する.

❺制御回路のメーク接点（MCF）が閉じて自己保持する.

❻制御回路のメーク接点（MCF）が閉じて表示灯（RD）が点灯する.

❼制御回路のブレーク接点（MCF）が開いて表示灯（GN）消灯する.

2　逆転動作

前の図の電動機制御回路（正転・逆転回路）の一連の逆転動作は次のとおりです.

❶配線用遮断器（MCCB）は投入，電動機は停止している状態.

❷押しボタンスイッチ（BS₃）を押す.

❸電磁継電器 MCR が励磁される.

❹主回路の電磁接触器（MCR）が閉じて，電動機（M3〜）が逆転運転する.

❺制御回路のメーク接点（MCR）が閉じて自己保持する.

❻制御回路のメーク接点（MCR）が閉じて表示灯（YE）が点灯する.

❼制御回路のブレーク接点（MCR）が開いて表示灯（GN）消灯する.

3　インタロック回路

　前の図の電動機制御回路（正転・逆転回路）のインタロック回路の動作は次のとおりです．

（1）　正転運転中に逆転用押しボタンスイッチを押した場合

❶電動機は正転運転し，制御回路の電磁継電器 $\boxed{\text{MCF}}$ が励磁され，電磁継電器 $\boxed{\text{MCR}}$ の直上のブレーク接点（MCF）が開いている状態．

❷①の状態で押しボタンスイッチ（BS₃）を押しても，電磁継電器 $\boxed{\text{MCR}}$ の直上のブレーク接点（MCF）が開いている状態なので，電磁継電器 $\boxed{\text{MCF}}$ は励磁されず逆転運転しない．

❸正転運転から逆転運転に切り換えるには，押しボタンスイッチ（BS₁）を押して，いったん，電動機（M3〜）を停止させる必要がある．

（2）　逆転運転中に正転用押しボタンスイッチを押した場合

❶電動機は逆転運転し，制御回路の電磁継電器 $\boxed{\text{MCR}}$ が励磁され，電磁継電器 $\boxed{\text{MCF}}$ の直上のブレーク接点（MCR）が開いている状態．

❷①の状態で押しボタンスイッチ（BS2）を押しても，電磁継電器 $\boxed{\text{MCF}}$ の直上のブレーク接点（MCR）が開いている状態なので，電磁継電器 $\boxed{\text{MCF}}$ は励磁されず正転運転しない．

❸逆転運転から正転運転に切り換えるには，押しボタンスイッチ（BS1）を押して，いったん，電動機（M3〜）を停止させる必要がある．

（3）　押しボタンスイッチによるインタロック回路

　前項のように電磁継電器とブレーク接点の組み合わせによるインタロック回路のほかに，次のように押しボタンスイッチによるインタロック回路も用いられます．

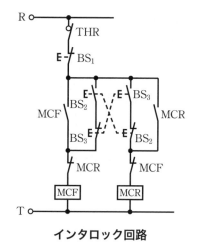

インタロック回路

前の図の押しボタンスイッチによるインタロック回路では，メーク接点の押しボタンスイッチ（BS₂）を押すと，ブレーク接点の押しボタンスイッチ（BS₂）が開いて，電磁継電器 MCR の回路が形成されません．反対に，メーク接点の押しボタンスイッチ（BS₃）を押すと，ブレーク接点の押しボタンスイッチ（BS₃）が開いて，電磁継電器 MCF の回路が形成されません．このようにしてインタロックされています．

● 電動機制御回路（Y-Δ 始動回路）

電動機制御回路（Y-Δ 始動回路）とは，押しボタンスイッチを押して電動機を Y 結線で運転し，一定時間経過後に自動で Δ 結線に切り換えて運転継続する制御回路です．Y-Δ 始動とは，三相誘導電動機は始動時に定格電流より大きな電流が流れるので，この始動電流を抑えるために始動時は Y 結線にして電動機の巻線にかかる電圧を低減し，定格回転速度になったら Δ 結線に切り換えて運転する電動機始動方法です．

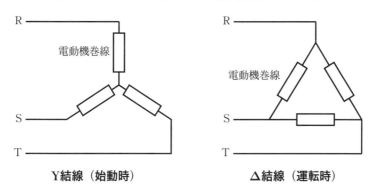

Y結線（始動時）　　　　　　　Δ結線（運転時）

Y 結線から Δ 結線に切り換えるために，Y 結線用の電磁接触器と Δ 結線用の電磁接触器を入り切りして，電動機巻線の接続を切り換えます．

電動機制御回路（Y-Δ 始動回路）は，次のとおりです．

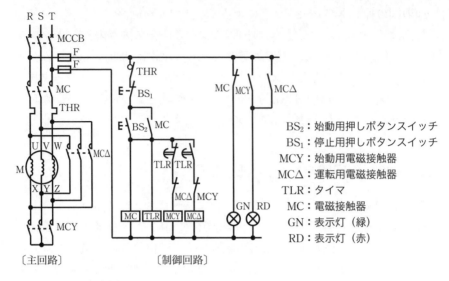

〔主回路〕 〔制御回路〕

BS₂：始動用押しボタンスイッチ
BS₁：停止用押しボタンスイッチ
MCY：始動用電磁接触器
MCΔ：運転用電磁接触器
TLR：タイマ
MC：電磁接触器
GN：表示灯（緑）
RD：表示灯（赤）

1 Y-Δ 始動動作

前の図の電動機制御回路（Y-Δ回路）の一連の始動動作は次のとおりです．

❶配線用遮断器（MCCB）は投入されている状態．

❷押しボタンスイッチ（BS₂）を押す．

❸電磁継電器 $\boxed{MC}$，$\boxed{TLR}$，$\boxed{MCY}$ が励磁される．

❹主回路の電磁接触器（MC）と（MCY）が閉じて，電動機（M）がY結線で始動する．

❺制御回路のメーク接点（MC）が閉じて，自己保持する．

❻制御回路のメーク接点（MCY）が閉じて，表示灯（RD）が点灯する．

❼制御回路のブレーク接点（MC）が開いて，表示灯（GN）が消灯する．

❽設定時間後，制御回路のメーク接点（TLR）が閉じて，ブレーク接点（TLR）が開く．

❾電磁継電器 $\boxed{MCY}$ の励磁が消失し，電磁継電器 $\boxed{MCΔ}$ が励磁される．

❿主回路の電磁接触器（MCY）が開いて，電磁接触器（MCΔ）が閉じる．

⓫電動機（M）がY結線→Δ結線に切り換わって運転を継続する．

⓬制御回路の表示灯（RD）のメーク接点（MCY）が開いて，メーク接点（MCΔ）が閉じ，表示灯（RD）の点灯が継続する．

2 Y-Δ 停止動作

前の図の電動機制御回路（Y-Δ回路）の一連の停止動作は次のとおりです．

❶電動機は Δ 結線で運転している状態．

❷押しボタンスイッチ（BS₁）を押す．

❸ $\boxed{MC}$，$\boxed{TLR}$，$\boxed{MCΔ}$ の励磁が消失する．

❹主回路の電磁接触器（MC）が開いて，電動機（M）が停止する．

❺制御回路のメーク接点（MCΔ）が開いて，表示灯（RD）が消灯する．

❻制御回路のブレーク接点（MC）が閉じて，表示灯（GN）が点灯する．

3 自己保持回路とインタロック回路

電動機制御回路（Y-Δ回路）のインタロック回路は次のとおりです．

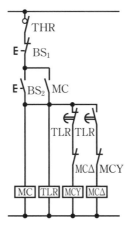

自己保持回路とインタロック回路

電磁継電器 MCY が励磁されているときは電磁継電器 MCΔ の直上のブレーク接点（MCY）が開いているので，電磁継電器 MCΔ は励磁されません．一方，電磁継電器 MCΔ が励磁されているときは電磁継電器 MCY の直上のブレーク接点（MCΔ）が開いているので，電磁継電器 MCY は励磁されません．

4 Y-Δ 結線

Y-Δ 結線の切換え部分の配線は，次のとおりです．

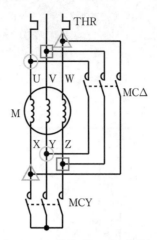

○：U→Yに接続（左→中に接続）
□：V→Zに接続（中→右に接続）
△：W→Xに接続（右→左に接続）

03 立面図・平面図

● 立面図（架空引込から地下ケーブルを経由して屋上キュービクル）

　次の図は，架空引込から地下ケーブルを経由して屋上キュービクルに引き込む自家用電気工作物構内の高圧受電設備の立面図です．

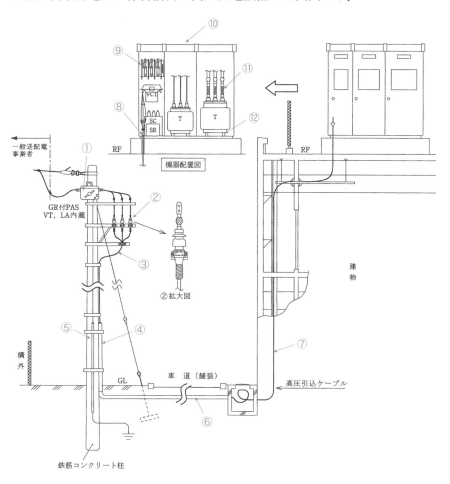

① 地絡継電装置付き高圧交流負荷開閉器（GR 付 PAS）

①は地絡継電装置付き高圧交流負荷開閉器（GR 付 PAS）です．地絡継電装置付き高圧交流負荷開閉器（GR 付 PAS）に関する事項は次のとおりです．

・保安上の責任分界点に設ける区分開閉器として用いられる．
・ほかの需要家へ事故を波及させないため送配電事業者の開閉器と協調する保護協調が大切である．
・短絡などの過電流を遮断できないので，過電流時に動作しない過電流ロック機能が必要である．
・ほかの需要家の地絡事故で不必要動作しないためには地絡方向継電器を設置する．

② 終端接続部

②はケーブルの終端接続部です．図は，塩害のおそれのある場所で使用される耐塩害屋外終端接続部です．

③ 高圧引込ケーブル

③は高圧引込ケーブルです．高圧引込ケーブルの太さは，下記の事項を検討して選定します．

・受電点の短絡電流
・電線の短時間耐電流
・電線の許容電流

電路が地絡したときに流れる地絡電流は，微小な電流なので，高圧引込ケーブルの太さを検討する事項には含まれません．

④ 高圧引込ケーブル立ち上がり部分の防護

④は高圧引込ケーブル立ち上がり部分の防護です．高圧引込ケーブル立ち上がり部分は，地表からの高さ 2 m 以上，地表下 0.2 m 以上の範囲に防護管（金属管）を施設し，雨水の浸水を防止する措置をして防護します．

⑤ A 種接地線の防護

⑤は A 種接地工事の接地線の防護部分です．A 種接地工事の接地線を人が触れるおそれがある引込柱の側面に立ち上げるためには，地表から高さ 2 m 以上，地表下 0.75 m 以上の範囲を厚さ 2 mm 以上の合成樹脂管（CD 管を除く）で覆う必要があります．

⑥ 高圧引込ケーブルの地中埋設

⑥は高圧引込ケーブルの地中埋設部分です．高圧引込ケーブルの地中埋

設に関する事項は次のとおりです．

・直接埋設する場合は，トラフに収め舗装下面等から 1.2 m（**重量物の圧力のおそれのない場合は** 0.6 m）以上の深さに施設する必要がある．
・配管に入れて埋設する場合は，舗装下面等から 0.3 m 以上に施設する．
・金属製の管路は **D 種接地工事を省略できる**．
・長さ 15 m 以下のものを除いて電圧を表示する．

⑦ **造営材に施設する高圧引込ケーブル**

⑦は造営材に施設する高圧引込ケーブルです．造営材に施設する高圧引込ケーブルに関する事項は次のとおりです．

・支持点間の距離は 2 m 以下．ただし，**垂直に取り付ける場合は** 6 m 以下とする．
・他の低圧配線，弱電流配線等との離隔は 15 cm 以上とする．

⑧ **ケーブル引込口**

⑧は受電設備のケーブルの引込口です．受電設備のケーブルの引込口は，鳥獣類などの小動物が侵入しないようにするため，**必要以上の開口部を設けないようにします**．

⑨ **主遮断装置（PF 付 LBS）**

⑨は限流ヒューズ付き高圧交流負荷開閉器（PF 付 LBS）です．図のように主遮断装置として用いる場合は下記の条件を満たす必要があります．

・設備受電容量の最大値 300 kV・A
・相間，側面の**絶縁バリア**（絶縁物でできた隔離板）を有していること．
・高圧限流ヒューズを有していること．
・ヒューズが溶断したら開閉器を開路する**ストライカ**による引き外し機能を有していること．

⑩ **受電設備の定期点検（年次点検）**

⑩の受電設備の定期点検のうち年次点検では，通常，次の事項が行われます．

・絶縁抵抗の測定
・接地抵抗の測定
・保護継電器試験

絶縁耐力試験は，受電設備の新設工事や改修工事時に行うもので，**年次点検では通常行われません**．絶縁耐力試験とは，通常使用する電圧よりも高い試験電圧をかけて，受電設備が試験電圧に耐えられるかどうか確認す

る試験です．

⑪　可とう導体

　　⑪は可とう導体です．可とう導体に関する事項は次のとおりです．

・過大な外力により，**ブッシング（電線引き出し部）やがいし等の損傷防止**のため設置される．

・地震等によって短絡しないように，十分な**余裕**と**絶縁セパレータ**等の対策が必要である．

・短絡電流等の過電流を限流する作用は有していない．

⑫　変圧器の防振，耐震

　　⑫の変圧器の防振，耐震に関する事項は次のとおりです．

・**可とう導体**と**防振装置**を組み合わせることで，変圧器の振動による騒音を軽減することができる．

・地震時の移動による機器の損傷を防止するため**耐震ストッパ**を設ける．

・変圧器のアンカーボルトも，耐震ストッパのアンカーボルトも，**引き抜き力，せん断力の両方を検討する必要がある**．

■ 立面図（架空引込による高圧引込ケーブル）

次の図は，架空引込による高圧引込ケーブルの立面図です．

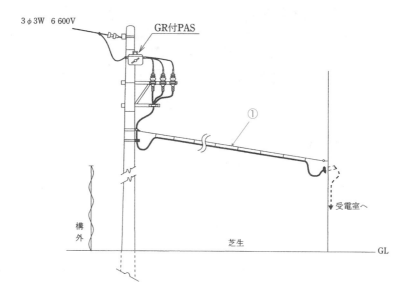

① 高圧架空引込ケーブル

①は高圧架空引込ケーブルです．高圧架空引込ケーブルに関する事項は次のとおりです．

- ちょう架線に使用する金属体には **D 種接地工事**を施す．
- ちょう架線からケーブルを支持するハンガーは **50 cm 以下**の間隔で設ける．
- ちょう架線から金属テープ等でケーブルを支持する場合は，**20 cm 以下**の間隔で巻き付ける．
- ちょう架線の安全率は **2.5 以上**とする．

■ 平面図（屋内開放形）

次の図は，屋内開放形の自家用電気工作物構内の高圧受電設備の平面図です．

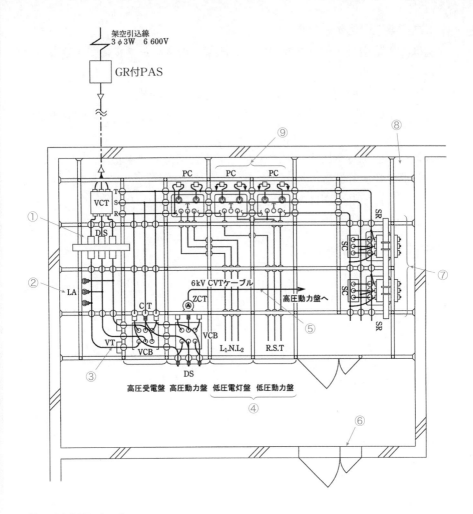

架空引込線
3φ3W 6 600V

GR付PAS

① 断路器（DS）

　①は断路器（DS）です．断路器（DS）に関する事項は次のとおりです．

・負荷電流が流れているとき，誤って開路しないようにする．

・接触子（刃受）は電源側，ブレード（断路刃）は負荷側にして施設する．

② 避雷器（LA）

　②は避雷器（LA）です．避雷器（LA）に関する事項は次のとおりです．

・電源側に断路器を施設し，限流ヒューズを施設してはならない．

・接地は A 種接地工事とし，接地線はできるだけ太く短くする．

・高圧架空電線路から電気の供給を受ける受電電力 500 kW 以上の需要場
　所に施設する必要がある．

③ 計器用変圧器（VT）

③は計器用変圧器（VT）です．計器用変圧器（VT）に関する事項は次のとおりです．

・定格負荷以下で使用する必要がある．

・定格2次電圧は 110 V である．

・電源側に十分な定格遮断電流をもつ限流ヒューズを取り付ける．

・所内の照明電源として使用することはできない．

④ 低圧配電盤

④は低圧電灯盤，低圧動力盤の低圧配電盤です．低圧配電盤には過電流遮断器である配線用遮断器が設置されます．

⑤ ケーブルシールドの接地方法

⑤は高圧ケーブルです．高圧ケーブルで地絡が発生した場合，確実に地絡事故を検出できるケーブルシールドの接地方法は次のとおりです．

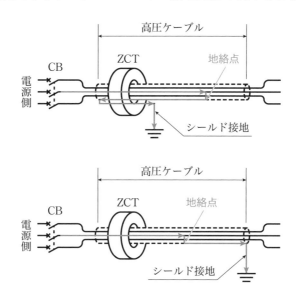

地絡電流が2回ZCTを貫通して流れると地絡電流によって発生する磁界が打ち消し合って地絡電流を検出できないため，地絡電流が1回または3回ZCTを貫通して流れるように設置します．

⑥ 屋内の受電設備の施設，表示

⑥の屋内の受電設備の施設，表示に関する事項は次のとおりです．

・堅ろうな壁を施設する．

・出入口に立ち入りを禁止する旨，表示する．

・出入口に施錠装置等を施設して施錠する．

⑦　進相コンデンサ（SC），直列リアクトル（SR）

　⑦は進相コンデンサ（SC），直列リアクトル（SR）です．進相コンデンサ（SC），直列リアクトル（SR）に関する事項は次のとおりです．

・1次側に保護装置として限流ヒューズが設置される．

・進相コンデンサ（SC）に，開路後の残留電荷を放電する装置を内蔵したものが用いられる．

・自動力率調整装置によるコンデンサ用開閉装置には，高圧交流電磁接触器（VMC）が用いられる．

・自動力率調整装置のコンデンサ容量には，異容量の群構成のものなどが用いられる．

・直列リアクトル（SR）は，高調波障害防止および開閉器投入時の突入電流抑制のために施設される．

・直列リアクトル（SR）は進相コンデンサ（SC）の 6 ％または 13 ％の容量のものを設ける．

⑧　接地工事の種類と接地線の太さ

　⑧の受電設備の接地工事の種類と接地線の太さに関する事項は次のとおりです．

・高圧機器の外箱，金属部分（感電防止）
　接地工事の種類：A 種接地工事，接地抵抗値：10 Ω 以下，接地線の太さ：直径 2.6 mm 以上

・高圧変圧器の低圧側電路（高圧と低圧の混触時の低圧側電圧の上昇抑制）
　接地工事の種類：B 種接地工事，接地抵抗値：$150/I$ [Ω] 以下，接地線の太さ：直径 2.6 mm 以上
　（I：1 線地絡電流．混触時に 1 秒を超え 2 秒以内に遮断する装置を設ける場合は $300/I$ [Ω] 以下，1 秒以内に遮断する装置を設ける場合は $600/I$ [Ω] 以下）

・高圧用計器用変成器（VT，CT）
　接地工事の種類：D 種接地工事，接地抵抗値：100 Ω 以下，接地線の太さ：直径 1.6 mm 以上

⑨　単相変圧器 2 台による三相 200 V の動力電源

　⑨は単相変圧器 2 台による三相 200 V の動力電源です．単相変圧器 2 台

による三相 200 V の動力電源を得ようとする場合の高圧側と低圧側の結線は次のとおりです.

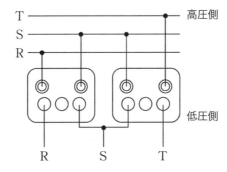

■ 平面図と系統図（動力設備）

次の図は，動力設備の平面図と幹線系統図です.

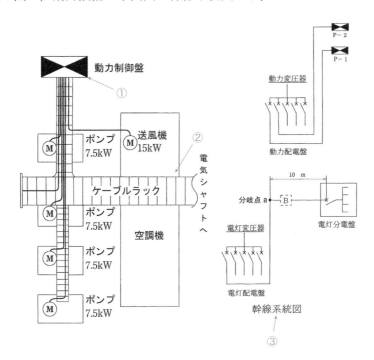

① **動力制御盤**

①は動力制御盤です．動力制御盤には電動機の運転制御のための機器が

内蔵されています.

② ケーブルラックの施工

②はケーブルラックです. ケーブルラックの施工に関する事項は次のとおりです.

- 高圧ケーブルと低圧ケーブルは 15 cm 以上離隔する必要がある.
- 高圧ケーブルと弱電流ケーブルは 15 cm 以上離隔する必要がある.
- 低圧ケーブルと弱電流ケーブルは接触しないようにする必要がある.
- 高圧ケーブル相互間, 低圧ケーブル相互間は離隔する必要はない.
- 受電室の壁を貫通する部分は火災の延焼防止のための耐火処理が必要である.
- 次の場合は, ケーブルラックの D 種接地工事を省略することができる.
  ❶ 使用電圧が 300 V 以下の場合で, ラックなどの金属製部分または防護措置の金属製部分の長さが 4 m 以下のものを乾燥した場所に施設する場合
  ❷ 屋内配線の対地電圧が 150 V 以下の場合において, ラックなどの金属製部分又は防護措置の金属製部分の長さが 8 m 以下のものを乾燥した場所に施設する場合

③ 幹線系統図

③は幹線系統図です. 動力負荷と電灯負荷への幹線の系統図です.

■ 立面図 (架空引込から地下ケーブルを経由して屋外キュービクル)

次の図は, 架空引込から地下ケーブルを経由して屋外キュービクルに引き込む自家用電気工作物構内の高圧受電設備の立面図です.

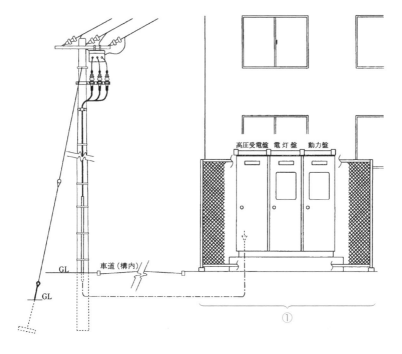

① 屋外キュービクルの施設

　①の屋外キュービクルの施設に関する事項は次のとおりです.

・キュービクルは建築物（不燃材でつくられたものなどを除く）から 3 m 以上離して施設する.

・キュービクルの周囲の保有距離は，1 m ＋保安上有効な距離以上とする.

・人が容易に近づける場所にキュービクルを設置する場合は，さく等を設ける.

■ 立面図（地中引込から地下ケーブルを経由して地下キュービクル）

　次の図は，地中引込から地下ケーブルを経由して地下キュービクルに引き込む自家用電気工作物構内の高圧受電設備の立面図です.

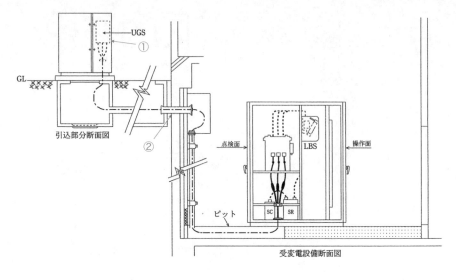

引込部分断面図

点検面 LBS 操作面

ピット SC SR

受変電設備断面図

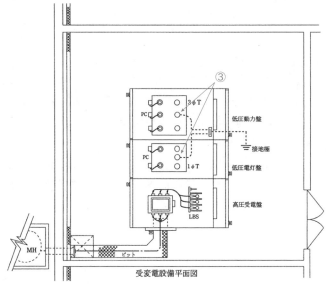

③

PC 3φT 低圧動力盤

接地極

PC 1φT 低圧電灯盤

LBS 高圧受電盤

MH ピット

受変電設備平面図

① 地中線用負荷開閉器 (UGS)

①は地中線用負荷開閉器（UGS）です．地中線用負荷開閉器（UGS）に関する事項は次のとおりです．

・保安上の責任分界点に設ける**区分開閉器**として用いられる．

・電路に地絡が生じた場合，**自動的に電路を遮断する機能を内蔵している**．

・**定格短時間帯電流**は，系統（受電点）の短絡電流以上のものを選定する．

- 短絡電流を遮断する能力は有していないので，過電流ロック機能が必要である．
- 他の需要家に事故を波及させないために，送配電事業者の地絡保護継電装置と動作を協調させる．
- 他の需要家の地絡事故で**不必要動作**しないためには**地絡方向継電器**を設置する．

② 防水鋳鉄管

　②は防水用鋳鉄管です．外壁を貫通する部分に設置され，浸水を防止します．

③ B 種接地工事

　③は高圧と低圧を結合する変圧器の低圧側の電路に施される B 種接地工事です．

◎過去問で実力チェック！

　図は，自家用電気工作物構内の高圧受電設備を表した図である．それぞれの問いに対して，答えを1つ選びなさい．

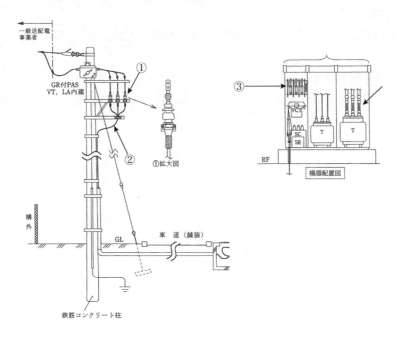

Q-1

①に示す CVT ケーブルの終端接続部の名称は．

イ．ゴムとう管形屋外終端接続部

ロ．耐塩害屋外終端接続部

ハ．ゴムストレスコーン形屋外終端接続部

ニ．テープ巻形屋外終端接続部

解説　①の終端接続部の名称は**ロの耐塩害屋外終端接続部**です．

答え　ロ

Q-2

②に示す高圧引込ケーブルの太さを検討する場合に，必要のない事項は．

イ．受電点の短絡電流

ロ．電路の完全地絡時の1線地絡電流

ハ．電線の短時間耐電流

ニ．電線の許容電流

解説 高圧ケーブルの太さの選定において，ロの電路の完全地絡時の1線地絡電流は定格電流に比較して小さな電流であるため，検討する必要はありません．

答え　ロ

Q-3

③に示す高圧受電盤内の主遮断装置に，限流ヒューズ付き高圧交流負荷開閉器を使用できる受電設備容量の最大値は．

イ．200 kW　　ロ．300 kW　　ハ．300 kV・A　　ニ．500 kV・A

解説 主遮断装置に限流ヒューズ付き高圧交流負荷開閉器を使用できる受電設備容量の最大値はハの 300 kV・A です．

答え　ハ

図は，自家用電気工作物構内の高圧受電設備を表した図である．それぞれの問いに対して，答えを1つ選びなさい．

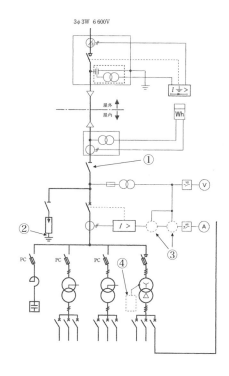

Q-4

①に設置する機器は.

イ. 　　ロ. 　　ハ. 　　ニ.

解説　①に設置する機器は**ロ**の**断路器**です.

答え　ロ

Q-5

②で示す機器の接地線（軟銅線）の最小太さは.

イ. $5.5\,\text{mm}^2$　　ロ. $8\,\text{mm}^2$　　ハ. $14\,\text{mm}^2$　　ニ. $22\,\text{mm}^2$

解説　②で示す避雷器の接地線（軟銅線）の太さの最小値は**ハ**の $14\,\text{mm}^2$ です.

答え　ハ

Q-6

③に設置する機器の組合せは.

イ. 　　ロ. 　　ハ. 　　ニ.

解説　③に設置する機器の組み合わせは, **ハ**の**電力計**（上）と**力率計**（下）です.

答え　ハ

Q-7

④に入る正しい図記号は.

イ. $\perp \equiv E_A$　　ロ. $\perp \equiv E_B$　　ハ. $\perp \equiv E_C$　　ニ. $\perp \equiv E_D$

解説　④に入る正しい図記号は，**イの A 種接地工事**の図記号です．

答え　イ

　　図は，三相誘導電動機を，押しボタンの操作により正逆運転させる制御
回路である．それぞれの問いに対して，答えを 1 つ選びなさい．

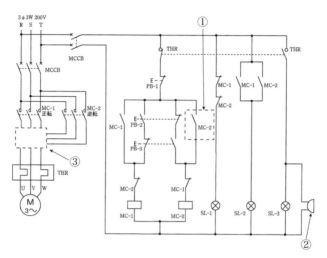

Q-8

①で示す接点の役目は．

イ．押しボタンスイッチ PB-2 を押したとき，回路を短絡させないための
　　インタロック

ロ．押しボタンスイッチ PB-1 を押した後に電動機が停止しないためのイ
　　ンタロック

ハ．押しボタンスイッチ PB-2 を押し，逆転運転起動後に運転を継続する
　　ための自己保持

ニ．押しボタンスイッチ PB-3 を押し，逆転運転起動後に運転を継続する
　　ための自己保持

解説　①で示す接点の役目は，**ニの押しボタンスイッチ PB-3 を押し，逆
転運転起動後に運転を継続するための自己保持**です．

答え　ニ

Q-9

②で示す図記号の機器は.

イ. ロ. ハ. ニ.

解説 ②で示す図記号の機器は, **イのブザー**です.

答え　イ

Q-10

③で示す部分の結線図は.

イ. 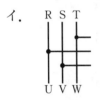 ロ. 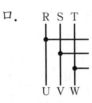 ハ. 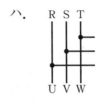 ニ.

解説 ③で示す正転・逆転させるための結線図は, **ハ**です.

答え　ハ

第 **5** 章

受変電設備機器

01 区分開閉器

● 地絡継電装置付き高圧交流負荷開閉器 (GR付PAS, GR付UGS)

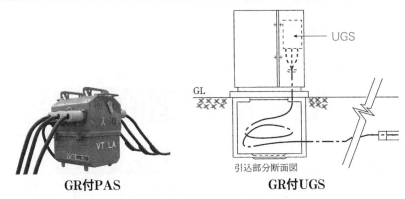

GR付PAS

GR付UGS

引込部分断面図

　架空引込において電柱上の地絡継電装置付き高圧交流負荷開閉器を GR 付 PAS，地中引込における地絡継電装置付き高圧交流負荷開閉器を GR 付 UGS といいます．一般送配電事業者と需要家との区分開閉器として用いられ，次の機能，役割を有しています．

❶需要家側電気設備の地絡事故を検出し，高圧交流負荷開閉器を開放する．

❷波及事故を防止するため，一般送配電事業者の地絡保護継電装置と動作協調をとる必要がある．

❸需要家内のケーブルが長くて対地静電容量が大きいとほかの需要家の地絡事故で不必要動作する可能性があるので，そのような施設の場合には，地絡方向継電器（DGR）を設置することが望ましい．

❹短絡電流等の過電流を遮断する能力は有していないため，過電流で動作しない過電流ロック機能が必要である．

❺定格短時間耐電流は，系統（受電点）の短絡以上のものを選定する必要がある．

　PAS も UGS も地絡継電装置付き高圧交流負荷開閉器は，短絡電流のような大きな電流を遮断する能力は有していません．短絡電流は上流側の一

般送配電事業者の変電所の遮断器で遮断されます．当該需要家の構内で短絡事故が発生した場合の各機器の動作の例は次のとおりです．

① 自構内の高圧引込ケーブルで**短絡事故**が発生
② PAS，UGS は短絡電流を遮断できないので，遮断動作しないように**ロック**される．
③ 上流側の一般送配電事業者の**変電所の遮断器**が短絡電流を**遮断**する．
④ 当該需要家ならびに当該需要家以外の系統の需要家が**停電**する．
⑤ 停電状態で当該 PAS または UGS が**開放動作**し，系統から事故点を**切り離す**．
⑥ 上流側の一般用送配電事業者の変電所の遮断器が**再投入**され，事故を起こした**当該需要家以外**の需要家に**再送電**する．

■ 零相基準入力装置（ZPD）

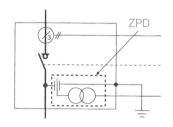

　零相基準入力装置（ZPD）は，地絡事故時に発生する**零相電圧を検出**する装置です．後述する**零相変流器（ZCT）と組み合わせる**ことにより，**地絡電流の流れる方向を知る**ことができます．なお零相とは，地絡事故時等において不平衡になった三相各線に生じる同相の電気をいいます．

■ 零相変流器（ZCT）

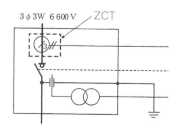

零相変流器（ZCT）は，地絡事故時に発生する**零相電流を検出**する装置です．後述する地絡継電器（GR）や地絡方向継電器（DGR）と組み合わせて使用されます．

● 地絡方向継電器（DGR）

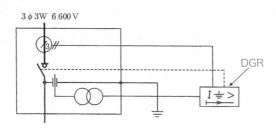

　地絡方向継電器（DGR）は，**零相変流器（ZCT）と零相基準入力装置（ZPD）と組み合わせて使用**されます．零相変流器（ZCT）が検出した零相電流と零相基準入力装置（ZPD）が検出した零相電圧から零相電流の流れる方向を把握し，**零相電流の流れる方向から地絡事故が自構内で発生したと判断される場合のみPASまたはUGSに開放信号を送出する継電器**です．

　地絡電流の大きさだけで地絡事故を検出する継電器を**地絡継電器（GR）**といい，零相変流器（ZCT）と組み合わせて使用します．地絡電流の大きさだけでPASまたはUGSを開放動作させると，前述したように需要家内のケーブルが長くて対地静電容量が大きい場合に，ほかの需要家の地絡事故にも関わらず不必要な開放動作をしてしまう可能性があります．そのような場合には，地絡電流の流れる方向から自構内の地絡事故時のみに開放動作信号を送出する地絡方向継電器（DGR）が設置されます．

　地絡方向継電器（DGR）と地絡継電器（GR）の図記号は次のとおりです．

02 遮断器

● 高圧交流遮断器（CB）

　高圧交流遮断器（CB）は，正常時の定格電流以下の負荷電流とともに，過負荷や短絡時の過電流を遮断できる機能を有する開閉器です．接点開放時のアーク放電を消す消弧方式によりいくつかの種類が用いられていますが，高圧の自家用電気工作物の受変電設備には真空遮断器（VCB）が多用されています．

1　真空遮断器（VCB）

　真空中ではアーク放電が発生しにくいという特性を用いて，真空容器中で接点を開放することにより，開放時に発生するアーク放電を消弧する方式の遮断器です．

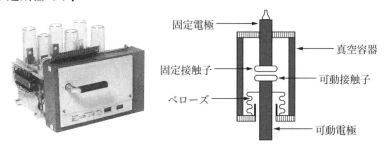

真空遮断器（VCB）の外観と主要部分の略図

図中ラベル：固定電極／真空容器／固定接触子／可動接触子／ベローズ／可動電極

2　図記号

接点を示す部分が×印になっているのが特徴です．

CB

3　機能

　高圧交流遮断器の機能は高圧電路に流れる電流を遮断することです．正常状態の定格電流以下の負荷電流は，遮断器本体のハンドル操作等により

手動で開閉して遮断されます．一方，過負荷や短絡の異常時の過電流については，**変流器（CT），過電流継電器（OCR）と組み合わせて自動で遮断**します．過電流が流れると電線や機器が焼損し，火災が発生するなどの事故になるため，過電流は速やかに遮断する必要があります．

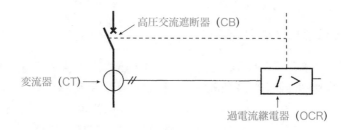

・高圧回路に**過電流**が流れる．
・**変流器（CT）**は，高圧回路の電流を一定の比率で変換して**過電流継電器（OCR）**に送る．
・**過電流継電器（OCR）**は，変流器（CT）からの電流が**過電流**の場合，高圧交流遮断器（CB）に**遮断信号**を送る．
・**高圧交流遮断器（CB）**は，過電流継電器（OCR）からの信号を受けて**回路を開放して過電流を遮断する**．

03 過電流継電器

過電流継電器（OCR）については，図記号と動作試験に関する事項が出題されています．

1 機能

過電流を検出して高圧交流遮断器（CB）に動作信号を送って，高圧交流遮断器（CB）をトリップ（遮断動作）させます．

2 図記号

電流を示す量記号 I が大きいという意味で，I の方が大きいように不等号が向いています．

OCR

3 動作試験

過電流継電器（OCR）の動作試験は，継電器試験器等の試験器と過電流継電器（OCR）を試験配線で接続して過電流継電器（OCR）に電流を流し，過電流継電器（OCR）が規定の電流・時間で動作するか確認する試験です．

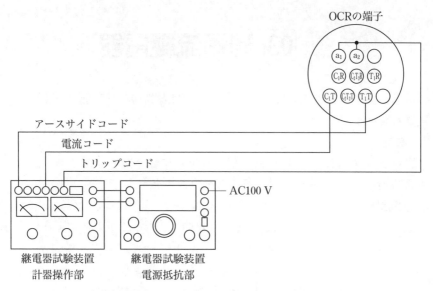

OCRの端子

アースサイドコード
電流コード
トリップコード

AC100 V

継電器試験装置
計器操作部

継電器試験装置
電源抵抗部

過電流継電器（OCR）と継電器試験装置の接続例

① 試験項目
・連動試験：遮断器を含めた動作時間を測定する試験
・瞬時要素動作電流特性試験：整定した瞬時要素どおりに過電流継電器（OCR）が動作することを確認する試験
・動作時間特性試験：過電流が流れた場合に過電流継電器（OCR）が動作するまでの時間を測定する試験
・最小動作電流試験：過電流継電器（OCR）が動作する最小の電流を確認する試験．誘導形過電流継電器（OCR）においては円板が回転し始める始動電流を測定する試験．

　なお，誘導形過電流継電器（OCR）とは，電気メーターと同じ原理で電流が流れると回転する円板を利用して過電流を検出する機器です．誘導形過電流継電器（OCR）は，過去において多用されていましたが，現在は半導体を利用した円板のないタイプの静止形過電流継電器（OCR）が多用されています．

② 試験方法
　継電器試験装置を用いる方法と，電流計，サイクルカウンタ，水抵抗器または電圧調整器を組み合わせる試験方法があります．後者の方法は過去において多用されていましたが，現在は継電器試験装置による方法が多用

されています.

・継電器試験装置を用いる方法

継電器試験装置を過電流継電器（OCR）に試験配線で接続して，所定の電流を流して動作電流や動作時間を測定する装置です.

継電器試験装置

・電流計，サイクルカウンタ，水抵抗器または電圧調整器を組み合わせる方法

電流計，サイクルカウンタ，水抵抗器または電圧調整器を組み合わせて，過電流継電器（OCR）に所定の電流を流して動作電流や動作時間を測定する試験方法です. 各機器の役割は次のとおりです.

電流計：電流を測定する.

サイクルカウンタ：動作した時間を測定する.

水抵抗器：抵抗を調整することにより電流を調整する.

電圧調整器：電圧を調整することにより電流を調整する.

04 負荷開閉器と高圧カットアウト

■限流ヒューズ付き高圧交流負荷開閉器（PF付LBS）

　限流ヒューズ付き高圧交流負荷開閉器（PF付LBS）は，事故時の異常電流である**短絡電流の遮断**を担う**限流ヒューズ（PF）**と，正常時の定格電流以下である**負荷電流の開閉**を担う**高圧交流負荷開閉器（LBS）**を組み合わせたものです．

1　外観

2　図記号

　接点の○の部分が高圧交流負荷開閉器（LBS）を表し，長方形の部分が限流ヒューズ（PF）を表しています．

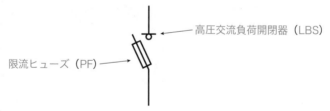

高圧交流負荷開閉器（LBS）

限流ヒューズ（PF）

3　施設

　自家用電気工作物の受変電設備において，主に変圧器やコンデンサの1次側の開閉装置として用いられています．

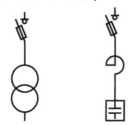

4 消弧室と相間バリアの外観

①消弧室

②相間バリア

① 消弧室

開閉部で負荷電流を切ったときに発生する**アークを消す機能**を有しています．

② 相間バリア

各相の両端との間に設ける絶縁体の隔壁です．限流ヒューズ付き高圧交流負荷開閉器（PF付LBS）を自家用電気工作物の受変電設備の**主遮断装置**として用いる場合は，相間バリアの施設が必要です．相間バリアを設ける主な目的は次のとおりです．

・開閉時の**相間短絡防止**

・点検作業時の**充電部接触防止**

・点検作業者の**アークによる火傷防止**

5 限流ヒューズ（PF）

限流ヒューズ付き高圧交流負荷開閉器（PF付LBS）の2次側で発生した**短絡事故の保護**を目的に施設されます．限流ヒューズ（PF）に短絡電流が流れると発熱により内部の素子（エレメント）が**溶断**（溶けて切断）し，**短絡電流が遮断**されます．

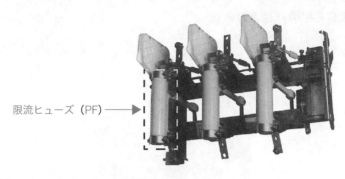

限流ヒューズ（PF）

① 限流ヒューズ（PF）の特徴

主な特徴は次のとおりです.

・短絡電流を**限流遮断**（電流を制限して遮断）する.

・**小形**，**軽量**であるが，**定格遮断電流**（正常に遮断できる電流）は**大きく 20 kA**，40 kA 等がある.

・用途によって，**T（変圧器用）**，**M（電動機用）**，**C（コンデンサ用）**，**G（一般用）**の４種類がある.

・密閉されていて**アークやガスの放出がない**.

② ストライカ機能

ストライカ機能とは，各相いずれかの限流ヒューズ（PF）が溶断したときに限流ヒューズ（PF）の末端から**突起物**が突出することにより，高圧交流負荷開閉器（PF 付 LBS）を**連動させて各相すべてを開放**するものです．ストライカ機能がないと３本のうち１本だけ限流ヒューズ（PF）が溶断した場合等に**欠相状態**になるので，ストライカ機能は限流ヒューズ（PF）溶断時の**欠相事故防止**のために用いられます．

ストライカ機能：ヒューズ
が溶断したとき突起が突出
し，開閉器を連動させて開
放する。

■ヒューズ付き高圧カットアウト（PC）

　ヒューズ付き高圧カットアウト（PC）は，過負荷や短絡電流など過電流の遮断を担う限流ヒューズ（PF）が内蔵された開閉器です．容量の小さな変圧器やコンデンサの1次側に施設されます．

1　外観

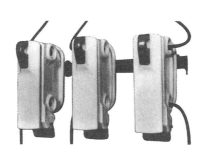

2　図記号

　接点の部分に×や○の印がないことで高圧カットアウトを表し，長方形の部分が限流ヒューズ（PF）を表しています．

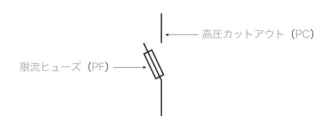

高圧カットアウト（PC）

限流ヒューズ（PF）

3　施設

　下図のように変圧器やコンデンサの１次側に，変圧器やコンデンサの過負荷や短絡時の保護のために施設されますが，施設できる変圧器やコンデンサには制限があり，**小容量のものに限って施設することができます**．

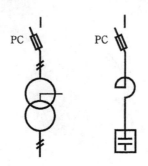

　施設することができる変圧器の容量は **300 kV・A 以下**，コンデンサの容量は **50 kvar 以下**です．それらを超過する容量の場合には，次表のとおり高圧交流遮断器（CB）や限流ヒューズ付き高圧交流負荷開閉器（PF 付 LBS）等を用いる必要があります．

変圧器１次側開閉装置

開閉装置 変圧器容量	高圧交流遮断器 （CB）	限流ヒューズ付き 高圧交流負荷開閉器 （PF 付 LBS）	ヒューズ付き高圧 カットアウト （PC）
300 kV・A 以下	○	○	○
300 kV・A 超過	○	○	×

○：施設できる．×：施設できない．

コンデンサ１次側開閉装置

開閉装置 コンデンサ容量	高圧交流 遮断器 （CB）	限流ヒューズ 付き高圧交流 負荷開閉器 （PF 付 LBS）	ヒューズ 付き高圧カット アウト （PC）	高圧真空 電磁接触器 （VMC）
50 kvar 以下	○	○	○	○
50 kvar 超過	○	○	×	○

○：施設できる．×：施設できない．

注）PF 付 LBS は 300 kV・A 超過の変圧器１次側開閉装置には施設できるが，変圧器総容量
　　が 300 kV・A 超過のキュービクル式受電設備の主遮断装置には施設できない．

4　ヒューズ付き高圧カットアウト（PC）の内蔵ヒューズ

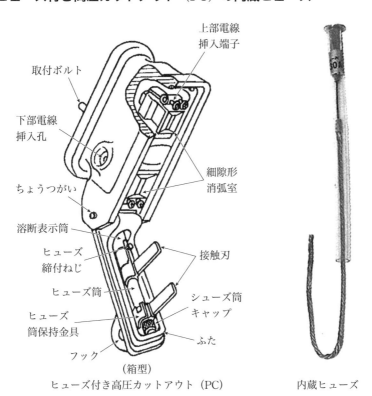

ヒューズ付き高圧カットアウト（PC）

内蔵ヒューズ

05 直列リアクトルとコンデンサ

● 直列リアクトル (SR)

直列リアクトル（SR）は，高圧進相コンデンサ（SC）の１次側に直列に接続され，**高調波や突入電流**（高圧進相コンデンサを回路に投入したときに過渡的に発生する過大な電流）**による弊害を防止**する機器です．

1 外観と図記号

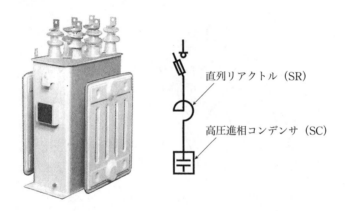

直列リアクトル（SR）

高圧進相コンデンサ（SC）

2 役割
① 　第5高調波等の**高調波電流を抑制**して高調波の被害の拡大を防止する．
② 　コンデンサ回路の**突入電流を抑制**する．
③ 　**電圧波形のひずみを改善**する．

　高調波とは正規の交流波形（基本波）の整数倍の周波数をもつ交流波形です．正規の交流波形（基本波）の５倍の周波数をもつ交流波形を第５高調波といいます．高調波は**インバータなどの波形整形機器から発生**し，高調波電流は**高圧進相コンデンサに流れやすい性質**を有しています．高調波電流が高圧進相コンデンサ（SR）に流れ込むと過熱するので，それを防止するために直列リアクトル（SR）を直列に接続して抑制しています．また高調波が発生すると系統の電圧波形がいびつな形にひずむので，これも直

列リアクトル（SR）を設置して防止しています.

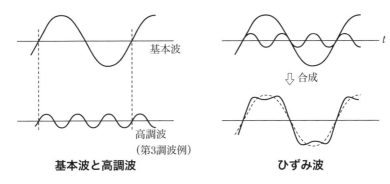

基本波と高調波

ひずみ波

3 容量

　2次側に直列に接続される高圧進相コンデンサ（SC）の容量の 6 ％または 13 ％です．したがって，100 kvar の容量の高圧進相コンデンサ（SC）に接続される直列リアクトル（SR）の容量は 6 kvar または 13 kvar です．

■高圧進相コンデンサ（SC）

　高圧進相コンデンサ（SC）は，系統の力率を改善するために高圧電路に施設される機器です．力率とは，負荷にかけた電圧 $V[\mathrm{V}]$ と負荷に流れた電圧 $I[\mathrm{A}]$ の積 $VI[\mathrm{V \cdot A}]$ に対する負荷が消費した電力 $P[\mathrm{W}]$ の比率をいいます．要するに，負荷にかけた電圧と流れた電流に対して，どれくらい有効に電力を使用したかの比率，電力の比率という意味です．

1 外観と図記号

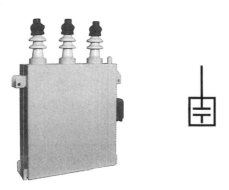

2　高調波対策

　高圧進相コンデンサ（SC）は，前述したように**高調波電流が流れやすく**
過熱焼損するおそれがあるので，それを防止するために高圧進相コンデン
サ（SC）の1次側に**直列リアクトル**（SR）が施設されます．

3　開閉装置

　高圧進相コンデンサ（SC）の1次側には，内部短絡保護と点検時の回路
からの切り離し等のために，限流ヒューズ付き高圧交流負荷開閉器（**PF**
付LBS）またはヒューズ付高圧カットアウト（**PC**）の開閉装置が施設さ
れます．前述したように，ヒューズ付高圧カットアウト（PC）は高圧進相
コンデンサ（SC）の容量が**50 kvar以下**に限って施設することができます．

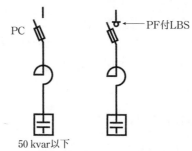

高圧進相コンデンサ（SC）の開閉装置

4　力率改善

　力率とは，前述したように負荷にかけた電圧 V[V] と負荷に流れた電流
I[A]の積 VI[V・A]に対する負荷が消費した電力 P[W]の比率をいいます．
この比率は，**交流の電圧波形と電流波形がずれる**ことによって生じ，ずれ
の度合いが大きくなるほど力率は小さくなります．

　電圧波形と電流波形のずれは，負荷にかけた**電圧に対して**負荷に流れた
電流が遅れて流れることによって生じます．電圧に対して電流が遅れて流
れることによって生じる力率を**遅れ力率**といいます．高圧進相コンデンサ
（SC）は，電圧に対して遅れて流れてしまう**電流を進ませる**ことにより，
遅れ力率を改善しています．

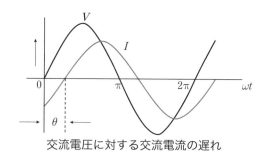

交流電圧に対する交流電流の遅れ

5　放電

　高圧進相コンデンサ（SC）は内部に電気を蓄えることで，交流電圧に対する交流電流の遅れを改善し，力率を改善しています．したがって高圧進相コンデンサ（SC）は電源から切り離しても内部に電荷が残っています．これを残留電荷といいます．残留電荷は放置すると感電等の原因になるので，高圧進相コンデンサ（SC）に内蔵されている放電コイルや放電抵抗または下記に示す接地放電棒等により，安全に放電させる必要があります．なお，高圧進相コンデンサ（SC）に直列に接続されている直列リアクトル（SR）には高圧進相コンデンサ（SC）の残留電荷の放電機能はありません．

接地放電棒の放電箇所の例

　アースクリップを接地端子等に接続し，接触ピンをコンデンサの端子部等に接触させて，コンデンサ内部にたまっている残留電荷を放電します．

06 変圧器

　高圧受電の自家用電気工作物の受変電設備に施設される変圧器（T）は，高圧の電圧を低圧の電圧に変換する機器です．変圧器（T）には，単相分を1台で変圧する単相変圧器と三相分を1台で変圧する三相変圧器があります．また変圧器（T）には，絶縁材料に絶縁油を用いた油入変圧器と絶縁材料にエポキシ樹脂を用いたモールド変圧器があります．

1 単相変圧器と三相変圧器の外観

　単相変圧器と三相変圧器の外観は次のとおりです．

単相変圧器(油入変圧器)　　三相変圧器(油入変圧器)

① 単相変圧器（油入変圧器）

　単相変圧器（油入変圧器）のブッシングは，写真上部奥の高圧部は2つ，上部手前の低圧部は3つとなっており，単相3線式に使用されます．なおブッシングとは変圧器本体から電線を取り出す部分のことをいいます．

② 三相変圧器（油入変圧器）

　三相変圧器（油入変圧器）のブッシングは，写真上部奥の高圧部，上部手前の低圧部ともに3つとなっており，三相3線式の回路に使用される変圧器です．

2 変圧器の図記号と機器台数

　主な変圧器の図記号と機器台数は次のとおりです．

① 三相変圧器1台によるY–Δ（スターデルタ）結線

　1次側をY結線，2次側をΔ結線にした三相変圧器1台により三相3線で負荷に電力を供給する方式です．

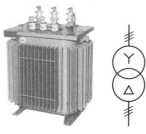

三相変圧器 1台

② 単相変圧器1台による中間点引き出し方式

単相変圧器の2次側の中間点を引き出して単相変圧器1台により単相3線で負荷に電力を供給する方式です.

単相変圧器 1台

③ 単相変圧器3台による三相結線（△3△）

単相変圧器3台により1次側も2次側も △ 結線にして，三相3線で負荷に電力を供給する方式です.

単相変圧器 3台

④ **単相変圧器 2 台による三相結線（V2V）**

単相変圧器 2 台により 1 次側も 2 次側も V 結線にして，三相 3 線と単相 3 線で負荷に電力を供給する方式です．単相 3 線の中間点に B 種接地工事を施します．

単相変圧器 2台

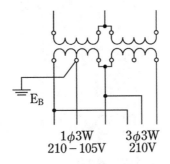

1φ3W　　　　3φ3W
210－105V　　210V

⑤ **スコット変圧器**

スコット変圧器とは，1 つの三相回路から 2 つの単相回路を取り出す変圧器で，非常用発電機の三相電源から単相負荷に電力を供給するためなどに使用されます．

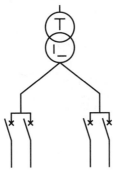

3　変圧器の防振・耐震

変圧器の防振と耐震に関する主な事項は次のとおりです．

・変圧器の振動等を考慮し，変圧器と低圧母線との接続に**可とう導体**を使

用する.

・可とう導体は，地震時の振動でブッシングや母線に異常な力が加わらないよう十分な**たるみ**をもたせ，かつ，振動や負荷側短絡時の**電磁力**で母線が**短絡しないように施設**する.

・変圧器を基礎に直接支持する場合のアンカーボルトは，移動，転倒を考慮して**引き抜き力，せん断力の両方を検討**して支持する.

・変圧器に**防振装置**を使用する場合は，地震時の移動を防止するため**ストッパ**を設ける.

・ストッパのアンカーボルトは，移動，転倒を考慮して**引き抜き力，せん断力の両方を検討**して支持する.

① 可とう導体

可とう導体とは，地震時等にブッシングに加わる荷重を軽減するために変圧器の2次側（低圧側）の銅帯に施設される**屈曲性のある導体**をいいます.

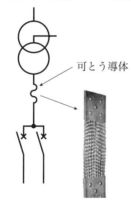

可とう導体

② ストッパ

ストッパとは耐震ストッパともいい，地震時に変圧器が**移動**したり，**転倒**したりすることを**防止**するために設けられる**部材**です.

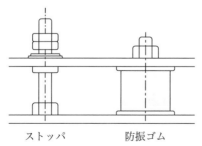

ストッパ　　　　　防振ゴム

耐震ストッパの例（ボルト貫通形）

07 ケーブル・ケーブルヘッド

●ケーブル

　自家用電気工作物の受変電設備等に使用される電線にはケーブルと絶縁電線があり，それぞれ高圧用と低圧用があります．自家用電気工作物の受変電設備等に使用される主なケーブル・絶縁電線は次のとおりです．

1　高圧電線

　自家用電気工作物の受変電設備等に使用される主な高圧用電線は次のとおりです．

①　高圧 CV ケーブル

　CV ケーブルとは，**架橋ポリエチレン絶縁ビニルシースケーブル**のことをいいます．高圧 CV ケーブルとは高圧用の CV ケーブルです．高圧に使用される CV ケーブルは，**架橋ポリエチレンの絶縁部の内部と外部に半導電層**が設けられています．半導電層とは，導体と絶縁体の中間の絶縁性能を有する物質の層で，絶縁体表面の電位の傾きを均一にするために用いられています．電位の傾きとは電位傾度ともいい，単位長さ当たりの電位差[V/m] です．電位の傾きが不均一になるとケーブル内部での部分放電等が生じるので，これを防止するために架橋ポリエチレンの絶縁部の内部と外部に半導電層が設けられています．

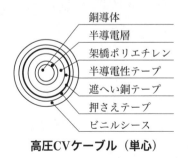

高圧CVケーブル（単心）

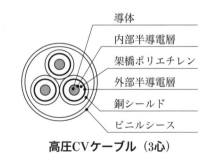

高圧CVケーブル（3心）

②　高圧 CVT ケーブル

　CVT ケーブルとは，**架橋ポリエチレン絶縁ビニルシースケーブル**（ト

リプレックス）のことをいいます．トリプレックスとは3線のより線構造をいいます．高圧 CVT ケーブルとは高圧用の CVT ケーブルで，CV ケーブルが3線のより線構造になっているケーブルです．高圧用なので，架橋ポリエチレンの絶縁部の内部と外部に半導電層が設けられています．

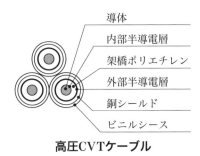

導体
内部半導電層
架橋ポリエチレン
外部半導電層
銅シールド
ビニルシース

高圧CVTケーブル

③　高圧機器内配線用 EP ゴム絶縁電線（KIP）

　高圧機器内配線用 EP ゴム絶縁電線（KIP）は，受電設備内の高圧配線に使用される絶縁電線です．導体を EP（エチレンプロピレン）ゴムの絶縁体で被覆した構造になっています．絶縁電線はケーブルと異なり，シースと呼ばれる外装のない構造となっています．

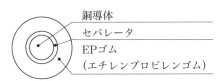

銅導体
セパレータ
EPゴム
（エチレンプロピレンゴム）

高圧機器内配線用EPゴム絶縁電線（KIP）

2　低圧用電線

　自家用電気工作物の受変電設備等に使用される主な低圧用電線は次のとおりです．

①　低圧 CV ケーブル

　低圧用の CV（架橋ポリエチレン絶縁ビニルシースケーブル）ケーブルです．高圧 CV ケーブルとの違いは半導電層の有無です．高圧 CV ケーブルには絶縁体の内面と外面に半導電層がありますが，低圧 CV ケーブルには半導電層はありません．

低圧CVケーブル（単心）

② 低圧 CVT ケーブル

低圧用の CVT（架橋ポリエチレン絶縁ビニルシースケーブル・トリプレックス）ケーブルです．低圧用なので次の図に示すとおり**半導電層はありません**．

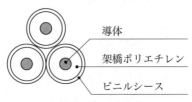

低圧CVTケーブル

③ VVR ケーブル

VVR ケーブルとは，600 V ビニル絶縁ビニルシースケーブル（丸形）のことで，低圧用のケーブルのひとつです．低圧用なので次の図に示すとおり**半導電層はありません**．

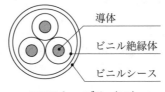

VVRケーブル（3C）

④ 600 V ビニル絶縁電線（IV）

600 V ビニル絶縁電線（IV）は**低圧用の絶縁電線**です．600 V 以下の電線管内配線，電気機器用配線に用いられます．低圧用なので次の図に示すとおり**半導電層はありません**．

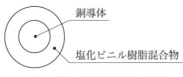

600 Vビニル絶縁電線（IV）

■ケーブルヘッド（CH）

　ケーブルヘッド（CH）とは，ケーブルを電気機器の端子等に接続するために処理された端末部分をいいます．

1　ケーブルヘッド（CH）の図記号

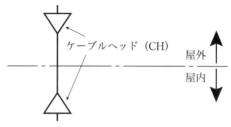

ケーブルヘッド（CH）

屋外
屋内

ケーブルヘッドの図記号

2　ケーブルヘッド（CH）の構成

　ケーブルヘッド（CH）は，ケーブルを支持するブラケット，ケーブルの終端を接続するための終端接続部，終端接続部に取り付けられるストレスコーン等で構成されています．ストレスコーンとは，ケーブル端部の断面縮小部分をなだらかな形状にすることで，電気力線の集中を緩和し，電位の傾きを抑え，ケーブルヘッド（CH）での部分放電や絶縁破壊を防止するために用いられる円すい形の部材をいいます．なお電気力線とは，電界の様子を示すために用いられる仮想的な線をいいます．電気の傾きが大きいところでは電気力線が集中し，部分放電や絶縁破壊等のおそれが高くなります．

ケーブルヘッドに使用される部材
左：①ブラケット　中：②屋外終端接続部　右：ストレスコーン

08 電力需給用計器用変成器と電力量計

■ 電力需給用計器用変成器（VCT）

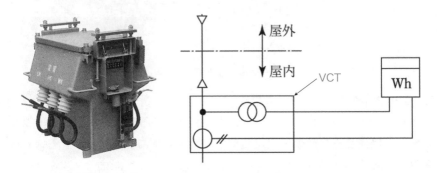

　電力需給用計器用変成器（VCT）は，**電力量計（Wh）と組み合わせて**使用します．電力需給用計器用変成器（VCT）は，内蔵された計器用変圧器（VT）により**高電圧を低電圧に変成**し，内蔵された変流器（CT）により**大電流を小電流に変成**して，電力量計（Wh）に給電する装置です．

　電力需給用計器用変成器（VCT）の複線図は，次の図のとおりです．

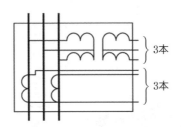

　または，

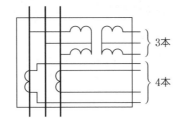

したがって，電力需給用計器用変成器（VCT）と電力量計（Wh）間の電線本数は次のとおりです．

① **計器用変圧器（VT）3本＋変流器（CT）3本の計6本**

  または，

② **計器用変圧器（VT）3本＋変流器（CT）4本の計7本**

■電力量計（Wh）

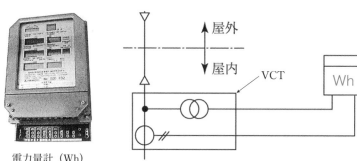

電力量計（Wh）

電力量計（Wh）は，電力需給用計器用変成器（VCT）から低電圧小電流に変成された電力の供給を受けて**電力量を測定**する装置です．前述したように電力需給用計器用変成器（VCT）との間の電線本数は**6本または7本**です．

09 高圧断路器

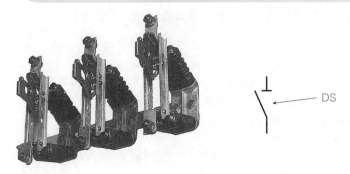

DS

　高圧断路器の断路刃（ブレード）は**電源側ではなく負荷側に取り付け**ます．図記号もそれを表現した形で表記されています．

　高圧断路器は，点検や工事等のために停電して作業する際に，誤って遮断器や開閉器が投入されても停電範囲に電気が送られてこないように回路を切り離すための機器です．高圧断路器は，停電状態または負荷電流が流れていない無負荷の状態で回路を切り離す機能しか有していないので，負荷電流が流れている状態で接点を開放して**負荷電流を遮断しようとしてはなりません**．負荷電流やそれより大きな過負荷電流や短絡電流が流れている状態で高圧断路器の接点を開放すると，接点間に**アーク放電が発生して電流が遮断できない**ばかりか，発生した**アーク放電により作業者の火傷や当該断路器の焼損**などの電気事故が発生します．

　したがって，**高圧断路器で負荷電流を遮断してはなりません**．また，高圧断路器には**過負荷，短絡，地絡等の異常時に自動的に電路を遮断する機能も有していません**．高圧断路器の開閉は高圧交流遮断器（CB）や高圧交流負荷開閉器（PAS）を開路した後で**無負荷の状態で行う**必要があります．

10 避雷器

避雷器は，雷などによる異常な過電圧を放電し，機器等の絶縁を保護する機器です．

① 避雷器の設置

高圧架空電線路から供給を受ける受電電力の容量が 500 kW 以上の需要設備の引込口には，避雷器を設置する必要があります．また，受電電力の容量が 500 kW 未満であっても，雷害の多い地区で架空電線路に接続されている高圧受変電設備には避雷器を設置すべきです．さらに，高圧受電設備の引込線が長い場合には，引込口のほか受電設備内の主遮断装置に近接する箇所にも避雷器を施設することが望ましいです．

② 避雷器の電源側開閉器

E14

避雷器には，避雷器の点検や交換時に回路から切り離すために，避雷器の電源側に断路器を設置する必要があります．避雷器の電源側には，ヒューズや開閉器，遮断器ではなく断路器を設置します．

③ 避雷器の接地工事

避雷器の2次側（電源の反対側）には下記の接地工事を施す必要があります．

・接地工事の種類：**A 種接地工事**

・接地抵抗値：**10 Ω 以下**

・接地線の太さ：**14 mm² 以上**

④ 高圧負荷開閉器（PAS）内蔵避雷器の接地線の保護管

　高圧負荷開閉器（PAS）に内蔵されている避雷器用の接地線を覆っている保護管は次のように施工する必要があります．

・**合成樹脂管**（厚さ **2 mm 未満**および **CD 管を除く**）

・地表上 **2.0 m 以上**，地下 **0.75 m 以上**

　避雷器の放電時に接地線に人が触れて感電しないように，保護管は絶縁体である合成樹脂管である必要があります．また CD 管とは自己消火性のない合成樹脂可とう電線管で，不燃材であるコンクリートに埋設するなどして施工する必要があり，屋外に露出する用途等には使用できません．

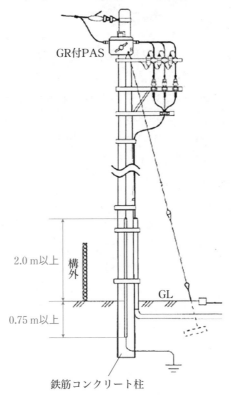

11 計器用変成器

計器用変成器とは，主回路の電圧，電流を測定や検出に適した低電圧，小電流に変換する機器をいいます．主回路の電圧を低電圧に変換するものを計器用変圧器（VT），主回路の大電流を小電流に変換するものを変流器（CT）といいます．

■計器用変圧器（VT）

計器用変圧器（VT）は，**主回路の電圧を低電圧に変換する**もので，概要は次のとおりです．

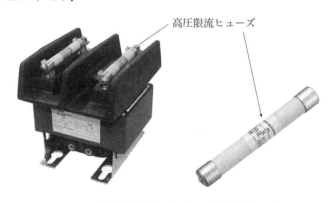

高圧限流ヒューズ

計器用変圧器（VT）　電圧計切換スイッチ

高圧限流ヒューズ　　　　　　　　　　　電圧計

❶ 計器用変圧器（VT）の2次側には**電圧計**が接続される．

❷ 定格1次電圧 6.6 kV，定格2次電圧 **110 V** のものが用いられる．

❸ 定格負担（単位 [V・A]）が定められており，定格負担以下で使用する．計器類の消費電力 [V・A]，2次側電路の損失，遮断器のトリップなどに必要な消費電力 [V・A] の総和以上のものを選定する必要がある．

❹ 計器用変圧器（VT）の1次側には，計器用変圧器（VT）の内部短絡事

故が主回路に波及することを防止するため，十分な遮断容量のある**高圧限流ヒューズ**が使用される.

❺**計器用変圧器（VT）は，必要最少個数である2台によるV–V結線**で構成される.

❻**計器用変圧器（VT）の高圧限流ヒューズの設置個数は，VT1台につき2本なので合計**2×2＝4個である.

❼**計器用変圧器（VT）の2次側電路にはD種接地工事**を施設する必要がある.

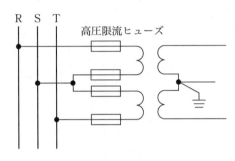

■ 変流器（CT）

変流器（CT）は，**主回路（高圧電路）の大電流を小電流に変換**するもので，概要は次のとおりです.

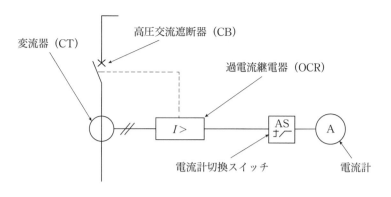

❶変流器（CT）の2次側には過電流継電器，電流計が接続される．

❷定格負担（単位 [V・A]）が定められており，計器類の消費電力 [V・A]，2次側電路の損失，遮断器のトリップなどに必要な消費電力 [V・A] の総和以上のものを選定する必要がある．

❸交換等で電流計を取りはずす場合の手順は，変流器の2次側を短絡した後，電流計を取り外す．

❹変流器（CT）の2次側電路には，D種接地工事を施す必要がある．

❺変流器（CT）の端子記号と複線図は下記のとおりであり，変流器（CT）2台で構成されている．

変流器（CT）の端子記号

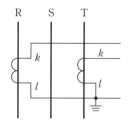

変流器（CT）の複線図

12 計器・切換開閉器

●計器・切換開閉器とは

　計器とは，電圧，電流などの電気の物理量を計測して表示する機器をいいます．切換開閉器とは，**計器に表示させる電圧や電流を切り換えるスイッチ**をいいます．自家用電気工作物の受変電設備の計器，切換開閉器の接続は次のとおりです．

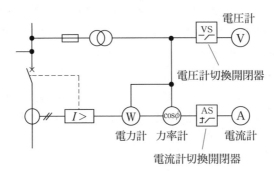

●計器

　自家用電気工作物の受変電設備に使用される主な計器は次のとおりです．

① 電圧計

　計器用変圧器（VT）で変換された電圧を受けて高圧回路の**電圧を表示する計器**です．表示する数字の**単位は [V] または [kV]** です．

② 電流計

変流器（CT）で変換された電流を受けて高圧回路の**電流を表示する計器**です．表示する数字の単位は [A] です．

③ 電力計

計器用変圧器（VT）で変換された電圧と変流器（CT）で変換された電流を受けて高圧回路の**電力を表示する計器**です．表示する数字の**単位は** [kW] です．

④ 力率計

計器用変圧器（VT）で変換された電圧と変流器（CT）で変換された電流を受けて高圧回路の**力率を表示する計器**です．力率計であることを示すため $\cos \phi$ の表記があります．また，表示板の **LAG は遅れ力率**，**LEAD は進み力率**を示しています．

■切換開閉器

自家用電気工作物の受変電設備に使用される主な切換開閉器は次のとおりです．

① 電圧計切換開閉器

電圧計切換スイッチともいいます．1個の電圧計で**各相の線間電圧を測定するために切り換えるスイッチ**です．電圧計切換開閉器は**表示板に RS, ST，TR と各相の線間を示す表記があります**．

② 電流計切換開閉器

電流計切換スイッチともいいます．1個の電流計で**各相の線電流を測定するために切り換えるスイッチ**です．電流計切換開閉器は**表示板に R，S, T と各相の線電流を示す表記があります**．

◎過去問で実力チェック！

Q-1
高圧受電設備の短絡保護装置として，適切な組合せは．
イ．過電流継電器
　　高圧柱上気中開閉器
ロ．地絡継電器
　　高圧真空遮断器
ハ．地絡方向継電器
　　高圧柱上気中開閉器
ニ．過電流継電器
　　高圧真空遮断器

解説　高圧受電設備の短絡保護として適切な組み合わせは，ニの**過電流継電器**と**高圧真空遮断器**です．

答え　ニ

Q-2
高圧電路に施設する避雷器に関する記述として，誤っているものは．
イ．雷電流により，避雷器内部の高圧限流ヒューズが溶断し，電気設備を保護した．
ロ．高圧架空電線路から電気の供給を受ける受電電力 500 kW の需要場所の引込口に施設した．
ハ．近年では酸化亜鉛（ZnO）素子を使用したものが主流となっている．
ニ．避雷器には A 種接地工事を施した．

解説　誤っているものは**イ**です．避雷器は，雷電圧を受けたときに大地に放電して電気設備を保護するものです．

答え　イ

Q-3
零相変流器と組み合わせて使用する継電器の種類は．
イ．過電圧継電器

ロ．過電流継電器

ハ．地絡継電器

ニ．比率差動継電器

解説　零相変流器と組み合わせて使用する継電器の種類は，ハの地絡継電器です．

答え　ハ

Q-4

高圧 CV ケーブルの絶縁体 a とシース b の材料の組合せは．

イ．a　架橋ポリエチレン

　　b　塩化ビニル樹脂

ロ．a　架橋ポリエチレン

　　b　ポリエチレン

ハ．a　エチレンプロピレンゴム

　　b　塩化ビニル樹脂

ニ．a　エチレンプロピレンゴム

　　b　ポリクロロプレン

解説　高圧 CV ケーブルの絶縁体 a とシース b の材料の組み合わせは，イの絶縁体 a：架橋ポリエチレン，シース b：塩化ビニル樹脂です．

答え　イ

Q-5

高圧母線に取り付けられた，通電中の変流器の二次側回路に接続されている電流計を取り外す場合の手順として，適切なものは．

イ．変流器の二次側端子の一方を接地した後，電流計を取り外す．

ロ．電流計を取り外した後，変流器の二次側を短絡する．

ハ．変流器の二次側を短絡した後，電流計を取り外す．

ニ．電流計を取り外した後，変流器の二次側端子の一方を接地する．

解説　通電中の変流器の二次側の電流計を取り外す手順は，ハの「変流器の二次側を短絡した後，電流計を取り外す」です．

答え　ハ

Q-6

写真の矢印で示す部分の役割は.

イ．水の浸入を防止する.

ロ．電流の不平衡を防止する.

ハ．遮へい端部の電位傾度を緩和する.

ニ．機械的強度を補強する.

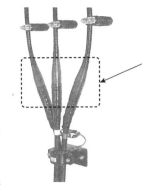

解説　写真で示す部分のストレスコーンの主な役割は, **遮へい端部の電位傾度の緩和**です.

答え　ハ

Q-7

図は, 遮断器の主要部分の略図である. この遮断器の略号（文字記号）は.

イ．OCB

ロ．GCB

ハ．ACB

ニ．VCB

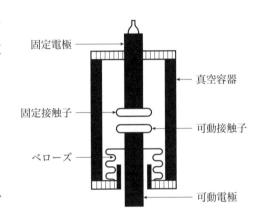

解説　図で示される主要部分を有する遮断器は真空遮断器です. 略号はニの VCB です.

答え　ニ

図は，一般送配電事業者の供給用配電箱（高圧キャビネット）から自家用構内を経由して，地下1階電気室に施設する屋内キュービクル式高圧受電設備（JIS C 4620 適合品）に至る電線路および低圧屋内幹線設備の一部を表した図である．問いに対して，答えを1つ選びなさい．

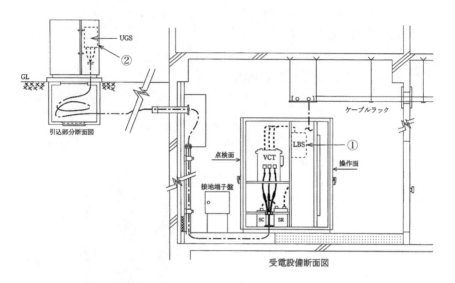

受電設備断面図

Q-8

①に示すPF・S形の主遮断装置として，必要でないものは．

イ．相間，側面の絶縁バリア

ロ．ストライカによる引外し装置

ハ．過電流ロック機能

ニ．高圧限流ヒューズ

解説　①に示すPF・S形の主遮断装置として必要のないものは，**ハの過電流ロック機能**です．

答え　ハ

Q-9

②に示す地中線用地絡継電装置付き高圧交流負荷開閉器（UGS）に関する記述として，不適切なものは．

イ．電路に地絡が生じた場合，自動的に電路を遮断する機能を内蔵している．

ロ．定格短時間耐電流が，系統（受電点）の短絡電流以上のものを選定する．

ハ．電路に短絡が生じた場合，瞬時に電路を遮断する機能を有している．

ニ．波及事故を防止するため，電気事業者の地絡保護継電装置と動作協調をとる必要がある．

解説　②に示す地中線用地絡継電装置付き高圧交流負荷開閉器（UGS）に関する記述として不適切なものは，**ハ**です．地中線用地絡継電装置付き高圧交流負荷開閉器（UGS）には，**電路に短絡が生じたときに電路を遮断する機能は有していません**．

答え　ハ

第 **6** 章

鑑別

01 高圧機材

高圧ピンがいし

←赤色

・高圧電線の素通し箇所に用いられるがいし.
・画鋲（ピン）に似ているがいしなのでピンがいしという.
・帯は高圧用であることを示す.

高圧中実がいし

←赤色

・高圧電線の素通し箇所に用いられるがいし.
・高圧ピンがいしより耐荷重が大きく，高圧ピンがいしよりも太い電線を支持することができる.

高圧耐張がいし

電線
取付け側

支持材
取付け部

・高圧電線の引き留め箇所に用いられるがいし.

地絡継電装置付き高圧交流負荷開閉器（GR付PAS）

・責任分界点に設置する区分開閉器として使用される.
・地絡事故が発生したときに自動遮断し波及事故を防止する.
・短絡事故の遮断能力はない.
・本体外面に開閉状態を示す入・切の表示がある.

計器用変成器（VCT）

・高電圧を低電圧に大電流を小電流に変換して電力量計に電力を供給する機器.

防水鋳鉄管

ケーブル

つば

・電線の建物の外壁を貫通する部分に使用される.
・外部からの浸水を防止するためのつばがついている.

ケーブルヘッド（CH）〈屋外〉

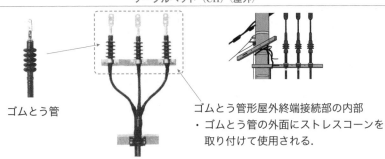

ゴムとう管

ゴムとう管形屋外終端接続部の内部
・ゴムとう管の外面にストレスコーンを取り付けて使用される.

ケーブルヘッド（CH）〈屋内〉

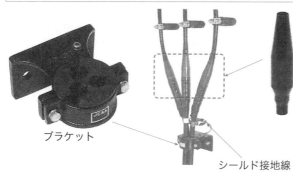

ブラケット

シールド接地線

ストレスコーン
・断面変化をゆるやかにすることにより，高圧ケーブルの遮へい端部の電位傾度を緩和する．

高圧用電力量計（Wh）

・計器用変成器（VCT）から電力の供給を受けて電力量を計測，表示する計器．
・表示窓に電力量等の数値がディジタル表示される．

避雷器（LA）

・高圧機器の雷電圧保護に使用される．
・雷によるサージ電圧等の異常電圧から系統を防護するために施設される．
・急激に上昇する異常電圧である雷によるサージ電圧などが発生すると電気を大地に逃し，異常電圧が系統に及ぶのを防ぐ．

断路器（DS）

・負荷電流，過負荷電流，短絡電流等の遮断能力はない．
・開閉は電流が流れていない無負荷の状態で行う必要がある．
・電流が流れていない状態で開閉するとアークが発生し危険．
・点検や工事等のための停電時に誤って充電されないように，ほかの充電されている部分と切り離すために電路を開路しておく装置である．

真空遮断器（VCB）

・負荷電流の開閉および過電流継電器（OCR）と組み合わせて過負荷電流，短絡電流の異常電流の遮断のために使用される．

限流ヒューズ付き高圧交流負荷開閉器（PF 付 LBS）

  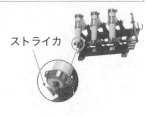

ストライカ

相間バリア　　限流ヒューズ（PF）

・高圧交流負荷開閉器（LBS）の部分で負荷電流の開閉を行い，限流ヒューズ（PF）の部分で短絡電流などの過負荷電流の遮断を行う機器．
・負荷電流の開閉時に発生するアークは消弧室で消弧（アークを消すこと）される．
・主遮断装置に使用する場合には相間バリアを設ける必要がある．
・ストライカとは，ヒューズが溶断したとき，連動して開閉器を開放するための機構．

ヒューズ付き高圧カットアウト（PC）

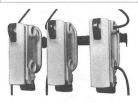

高圧カット
アウト用
内蔵ヒューズ

・300 kV・A 以下の変圧器または 50 kvar 以下のコンデンサの 1 次側に設けられる開閉器．
・陶器製の外観が特徴的．
・陶器のカバーを開けるとヒューズが内蔵されている．

油入変圧器

・絶縁材に絶縁油が使用されている変圧器．
・外面に冷却用のフィンが取り付けられている．

モールド変圧器

二次（低電圧側）端子
一次（高電圧側）端子

タップ切換端子

・絶縁材にエポキシ樹脂が使用されている変圧器．
・低圧側は高圧側より流れる電流が大きいので，高圧側よりも低圧側の端子のほうが大きくなる．
・タップ切換端子とは，変圧器の巻数比を切り換えて変圧比を変えることにより，二次側の電圧を調整するための端子である．

中間点引出単相変圧器

・三相高圧を単相低圧（単相 3 線式）に変換する油入変圧器．
・写真奥の高圧側の端子は 2 つ，写真手前の低圧側の端子は 3 つ．高圧側の端子と低圧側の端子の形状が異なる．

三相変圧器

・三相高圧を三相低圧（三相 3 線式）に変換する油入変圧器．
・写真奥の高圧側の端子も写真手前の低圧側の端子も 3 つあり，高圧側の端子と低圧側の端子の形状が異なっている．

可とう導体

導体

・変圧器の二次（低圧）側端子と銅帯導体の接続部分に設けられる金属メッシュで柔軟性のある導体.
・地震時にブッシング（変圧器の端子接続部）に加わる力を軽減するために設けられる.

高圧進相コンデンサ（SC）

保護接点（圧力接点）

・力率を改善するために高圧部分に施設される.
・末端に施設されるので，端子は1次側の三相の3端子のみで構成されている.
・保護接点（圧力接点）とは，内部の封入媒体（油またはガス）の圧力が異常に上昇したとき警報を発するための接点である.

直列リアクトル（SR）

・高調波電流を抑制し，電圧波形のひずみを改善するために施設される.
・1次側（電源側）端子と2次側（コンデンサ側）の形状と数量が同じなのが，変圧器と見分けるポイント.
・左・中：直列リアクトル（油入）
・右：直列リアクトル（モールド形）

計器用変圧器（VT）

・高電圧を低電圧に変圧し，計器での測定を可能にする.

計器用変圧器（VT）用ヒューズ

・計器用変圧器（VT）の1次側に取り付けて，計器用変圧器（VT）の内部短絡事故が発生すると溶断して主回路に波及するのを防止する.

変流器 (CT)	零相変流器 (ZCT)	力率計

・大電流を小電流に変成し，計器での測定を可能にする．	・地絡時の零相電流を検出し，地絡継電器や漏電警報器に信号を送る．	・力率を表す $\cos\phi$ と LAG（遅れ），LEAD（進み）の表記がある．

電流計	電力計	周波数計

・電流の単位[A]の表記がある．	・電力の単位[kW]の表記がある．	・周波数の単位[Hz]の表記がある．

低圧用電力量計	無効電力計	電流計切換スイッチ

・誘導形計器で円板の回転数を計測して電力量を表示する．	・無効電力の単位[Mvar]とLAG（遅れ），LEAD（進み）の表記がある．	・電流計で計測する相を切り換えるスイッチ． ・切換表示は O，R，S，T で，O はゼロ，R は R 相，S は S 相，T は T 相の電流であることを表している．

電圧計切換スイッチ	継電器

・電圧計で計測する相間を切り換えるスイッチ． ・表示は O，RS，ST，TR で，O はゼロ，RS は RS 相間，ST は ST 相間，TR は TR 相間の電圧を表している．	・計器用変圧器（VT）からの電圧や変流器（CT）からの電流の供給を受け，あらかじめ設定された電圧や電流の供給を受けたときに信号を送る機器． ・写真は不足電圧継電器(UVR)． ・継電器は外観で種別を鑑別することは困難であり，文字表記で判断する必要がある．

02 低圧機材

配線用遮断器

- 低圧電路で短絡や過負荷等による過電流が生じたときに自動的に電路を遮断する過電流遮断器.
- 主に配線を保護するための過電流遮断器なので配線用遮断器という.
- 定格電流 [A] が表記されている.定格電流以上の過電流が流れると遮断動作し,配線の過電流による焼損を保護する.

漏電遮断器

- 低圧電路で地絡が生じたときに自動的に電路を遮断する.
- 漏電遮断機能を点検するためのテストボタンがある.テストボタンを押して漏電遮断器が遮断動作すれば正常.
- 定格感度電流 [mA] が表記されている.定格感度電流以上の漏えい電流が流れると漏電遮断器が遮断動作する.

リモコンリレー

- リモコンセレクタスイッチのON-OFF の制御信号を受けて,照明器具等への電源回路の接点を開閉する機器.
- 写真左の端子部分には「主回路側」,写真右の端子部分には「操作側」の表記がある.

リモコンセレクタスイッチ

表示灯

- ボタンを押すと ON-OFF の制御信号をリモコンリレーに送信し,照明器具等への電源回路の接点を開閉する機器.
- 左の表示灯(緑)は OFF 時に点灯し,右の表示灯(赤)は ON 時に点灯する.

サージ防護デバイス(SPD)

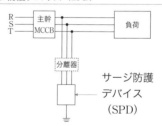

- 雷によるサージ電圧等の異常電圧から負荷を防護するために施設される.
- 急激に上昇する異常電圧である雷によるサージ電圧などが発生すると電気を大地に逃し,異常電圧が負荷に及ぶのを防ぐ.

電磁開閉器	低圧進相コンデンサ（SC）

電磁接触器 →

熱動継電器 →

電磁開閉器の構成

熱動継電器
（別パターン）

・電磁接触器（MC）：制御信号を受けて電磁石の力により接点を開閉する機器.
・熱動継電器（THR）：熱動継電器はサーマルリレーともいい，電動機の過負荷電流を検出し，自動的に回路を開放する保護機器である.

・電動機等の低圧負荷の力率を改善するために低圧部分に施設される.
・静電容量の単位 [μF] の表記がある.

誘導電動機

固定子巻線

固定子鉄心

回転子鉄心

固定子鉄心

回転軸

ブラケット

（三相）

（単相）

・固定子：自らは回転せずに回転する磁界を発生させる部分.
・回転子：固定子が作り出す回転磁界に誘導されて回転する部分.
・回転軸：回転子の回転を負荷に伝える部分.
・ブラケット：外箱を構成する部分のひとつ.

電磁継電器	限時継電器（TLR）	タイムスイッチ（TS）

・電流が流れるとほかの制御機器に信号を送る制御機器.

・電流が流れるとあらかじめ設定された時間により動作，復帰する制御機器.

・予め設定した時刻になると制御回路を開閉するスイッチ.

切換スイッチ	リミットスイッチ（TS）	ブザー

アクチュエータ

・つまみをひねると回路を切り換えて接点を開閉する.

・アクチュエータ部分に物体が接触すると接点が開閉するスイッチ.

・電流が流れるとブザー音が鳴動する.

表示灯	押しボタンスイッチ	ベル

 ⊗

・電流が流れると点灯する.

・ボタンを押すと接点がONまたはOFFになる.

・電流が流れるとベル音が鳴動する.

ON-OFF用押しボタンスイッチ	30 A 250 V 接地極付き引掛け形コンセント	ダウンライト（埋込型照明）

・a接点とb接点が内蔵されているスイッチ.
・学科試験でのシーケンス回路上の図記号は上がb接点, 下がa接点で描かれているが, 実機では上がa接点のONボタン, 下がb接点のOFFボタンが配置されている.

・中央部に㉚の表記があり, 定格電流30 Aのコンセントであることがわかる.
・定格電流30 Aのコンセントは, 定格電流30 Aまたは40 Aに保護されている電路に接続することができるが, 定格電流15 Aおよび20 Aに保護されている電路には接続することはできない.

日本照明工業会
SB・SGI・SG形適合品

・天井に埋め込み設置する照明器具.
・ダウンライトは日本照明工業会により次のように区分されている.
・M形：断熱材施工天井に埋め込んで使用できない.
・S形：断熱材施工天井に埋め込んで使用できる. S形は, 使用できる断熱材の施工区分によりSB形, SG形, SGI形に分かれる.

医用コンセント		ハロゲン電球

（表）　（裏）

・病院などの医療施設に使用されるコンセント.
・表中央部にH（Hospital）の表記がある.

・手術室や集中治療室（ICU）などの特に重要な施設に設置される.
・接地接続はリード線式とし, 接地極刃受部とリード線はリベットまたは, 圧着接続とする.
・コンセント本体は, 耐熱性および耐衝撃性が一般のコンセントに比べて優れている.
・電源の種別（一般用・非常用等）が容易に識別できるように, 本体の色が白のほか, 赤や緑のコンセントもある.

・ガラス管内にハロゲンガスを封入した白熱電球.
・ハロゲンガスは, フィラメントのタングステンが蒸発してガラス管に付着して黒化するのを防止する効果がある.

点灯管（グロースタータ）	電磁調理器（IH 調理器）	蓄電池設備

・点灯管方式の蛍光灯を点灯させるのに使用される.

・加熱原理は誘導加熱.
・誘導加熱とは，導電体に磁界を与え電磁誘導により加熱する加熱方式である.

計測表示

拡大

バスダクト

バスダクト断面

拡大

・金属製のダクトの内部に絶縁された母線導体（bus）を内蔵した低圧電路に使用される材料.
・許容電流が大きいものを製作可能なので，大電流が流れる低圧の幹線等に使用される.

・受変電制御機器や，停電時に非常用照明器具等に電力を供給する設備.

二種金属製線ぴ	ライティングダクト（LD）

45 mm
40 mm
拡大図

導体（銅等）

・電線を収容する金属製のとい.
・一種金属製線ぴ：幅 4 cm 未満
・二種金属製線ぴ：幅が 4 cm 以上 5 cm 以下
・金属ダクト：幅 5 cm 超過

・照明器具を任意の場所に取り付けることができる機器.

トロリーバスダクト

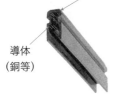

絶縁カバー
（硬質塩化ビニル等）

導体
（銅等）

・ホイスト（電動巻上げ機）など移動して使用する電気機器に電気を供給するダクト．

コンクリートボックス

・電線の接続点に設けられるボックス．
・コンクリートに埋設して施設される．
・コンクリート打設前の型枠や鉄筋にあらかじめ取り付けておき，硬化する前のコンクリートを型枠に流し込んでコンクリートに埋設する．
・型枠に取り付けるための突起があるのが特徴．

差込形コネクタ

・低圧屋内配線の電線同士の接続に使用する．
・電線の絶縁被覆を剥ぎ取り，導体部分を差し込んで電線同士を接続する．

合成樹脂製可とう電線管用エンドカバー

合成樹脂製可とう電線管

エンドカバー

  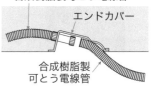

合成樹脂製
可とう電線管

・コンクリートに埋設される合成樹脂製可とう電線管（プラフレキ）の埋設端部に使用される．

ねじなし電線管用のユニバーサル

・柱や梁の角などで，ねじなし電線管を直角に曲げて接続する箇所に使用される．

金属製可とう電線管（二種）

・プリカチューブともいい，金属製の蛇腹状の電線管で，屈曲性があり電動機周りの動力配線の電線管などに使用される．

合成樹脂製可とう電線管用ボックスコネクタ

・合成樹脂製可とう電線管とボックス（接続箱）を接続するための材料．

シーリングフィッチング

- ・爆燃性粉じんのある危険場所での金属管工事のボックスと金属管の接続部に使用される.
- ・シーリングフィッチングとは，シールされたフィッチング（継手）という意味である.

防爆構造ユニオンカップリング

- ・耐圧防爆構造のユニオンカップリング.爆燃性粉じんのある危険場所での金属管工事のボックスとシーリングフィッチングの接続部に使用される.

防爆構造ジャンクションボックス

- ・耐圧防爆構造のジャンクションボックス.爆燃性粉じんのある危険場所での金属管工事の電線の接続部に使用される.

爆燃性粉じんのある危険場所での金属管工事に使用される材料

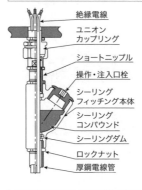

絶縁電線
ユニオンカップリング
ショートニップル
操作・注入口栓
シーリングフィッチング本体
シーリングコンパウンド
シーリングダム
ロックナット
厚鋼電線管

- ・爆燃性粉じんのある危険場所での金属管工事では，防爆構造の材料を使用する必要がある.
- ・防爆構造とは，爆発を防止する構造という意味で，電気機器の内部に爆燃性粉じんを侵入させず，電気火花が着火源となるのを防ぐ構造.
- ・防爆構造の機器は鋳物製で頑丈に製造されているのが特徴.

アンカー

- ・コンクリート面に機器や部材を固定するのに使用.
- ・硬化したコンクリートにドリルで穴をあけてアンカーを挿入し，穴の中でアンカーを拡張させて固定する.

インサート

デッキプレート用　　　　型枠用

- ・床スラブの天井面に機器や部材を固定するのに使用.
- ・コンクリート打設前にあらかじめデッキプレート（波形の鉄板）や型枠（コンクリートを流し込む木枠）に装着しておき，コンクリートに埋め込ませて硬化させる.
- ・インサートに吊りボルトを挿入して機器や部材を支持する.

03 用具

ケーブルカッタ	金切りのこ	電工ナイフ

・ケーブルの切断に使用される.	・ケーブルの切断に使用される. そのほか, 金属管, 合成樹脂管の切断にも使用される.	・ケーブルの絶縁被覆や外装を剥ぎ取るのに使用される.

電気はんだごて	ケーブルカッタ (ラチェット式)	ケーブルジャッキ

・高圧ケーブルの銅シールドに接地線(シールドアース)をはんだ付けするのに使用される.	・太いケーブルの切断に使用される.	・ケーブルドラムを支持するために使用される.

延線ローラ	延線用グリップ	ケーブルジャッキ使用例
	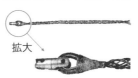拡大	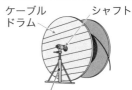ケーブルドラム シャフト ケーブルジャッキ
・ケーブルを繰り出すのに使用されるローラ(ころ).	・先端部にケーブルを連結し, ケーブルを延線するときに引っ張るために使用される.	

張線器	ボルト型コネクタ	レンチ

・架空電線やメッセンジャワイヤなどを引っ張って張るのに使用される.

・電線の分岐に使用される部材.
・部材に電線を通してレンチ等でナットを締め付けて電線同士を接続する.

・ボルト型コネクタ等のナットを締め付けるのに使用される.
・分電盤や動力制御盤をコンクリートに固定するためのアンカーボルトのナットを締め付けるのに使用される.

手動油圧圧着器	圧着スリーブ	圧着端子

・圧着スリーブや圧着端子による電線の圧着接続に使用される手動工具.

・電線同士を接続する部材.

・電線を端子に接続するための部材.

リングスリーブ用圧着ペンチ	リングスリーブ	振動ドリル

黄色

拡大

・リングスリーブを用いて電線を接続するのに使用される工具.
・持ち手の部分が黄色になっている.

・電線の接続に使用される部材.

・コンクリートの壁や床に穴をあけるのに使用される.

水準器

拡大 ←

・分電盤や動力制御盤が水平,
垂直に設置されているか確認
するのに使用される.

ボードアンカー用工具

・石膏ボードにボードアンカを
固定するときに使用する工具.

ボードアンカー

ボードアンカーを引っ張
って傘を開かせて, 石膏
ボードにボードアンカー
を固定する.

・石膏ボードに機器を取り付け
るために使用する部材.

塩ビカッタ

・硬質塩化ビニル電線管の切断
に使用される.

油圧式パイプベンダ

・太い金属管を曲げるのに使用
される.

手動式パイプベンダ

・金属管を曲げるのに使用され
る.

トルクドライバ

・ねじを一定のトルクで締め付
ける工具.

照度計

・照明器具等による照度を測定
するのに使用する.
・目盛板に照度の単位 [lx] の表
記がある.
・写真右上の白色円形の部分が
光を感じるセンサになってい
る.

低圧検相器 (静止形)

・低圧部分の三相の相順を確認
するために使用する.

低圧検相器（回転形）	高圧検相器	接地放電棒
	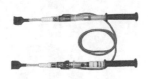	
・低圧部分の三相の相順を確認するために使用する.	・高圧部分の三相の相順を確認するために使用する.	・コンデンサ等の残留電荷を放電するために使用する.

風車式検電器	継電器試験装置	絶縁油耐電圧試験装置
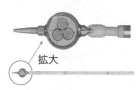 拡大		オイルカップ 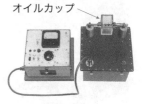
・高圧部分が充電状態か停電状態かを確認するのに使用する. ・検出部を充電されている部分に接近させると風車のような回転部分が回転する.	・過電流継電器，地絡継電器等の継電器の動作特性を試験する装置.	・油入変圧器の絶縁油の耐電圧特性を試験する装置. 右の装置に絶縁油を入れるオイルカップがある.

絶縁抵抗計	接地抵抗計

・電路の絶縁抵抗値を測定する計器. ・目盛板に [MΩ] の表記がある.	・接地極の接地抵抗値を測定する計器. ・目盛板に [Ω] の表記がある.

◎過去問で実力チェック！

Q-1

写真に示すものの名称は.

イ．金属ダクト

ロ．バスダクト

ハ．トロリーバスダクト

ニ．銅帯

解説 写真に示すものの名称は，**ロのバスダクト**です.

答え　ロ

Q-2

写真に示す品物の用途は.

イ．大電流を小電流に変流する.

ロ．高調波電流を抑制する.

ハ．負荷の力率を改善する.

ニ．高電圧を低電圧に変圧する.

解説 写真に示すものは**直列リアクトル**です. 用途の一つは，**ロの高調波電流の抑制**です.

答え　ロ

Q-3

写真に示す品物を組み合わせて使用する場合の目的は.

イ．高圧需要家構内における高圧電路の開閉と，短絡事故が発生した場合の高圧電路の遮断．

ロ．高圧需要家の使用電力量を計量するため高圧の電圧，電流を低電圧，小電流に変成．

ハ．高圧需要家構内における高圧電路の開閉と，地絡事故が発生した場合の高圧電路の遮断．

ニ．高圧需要家構内における遠方制御による高圧電路の開閉．

解説　写真に示す品物を組み合わせて使用する目的は，ハの高圧需要家構内における高圧電路の開閉と，地絡事故が発生した場合の高圧電路の遮断です．

答え　ハ

Q-4

写真に示す照明器具の主要な使用場所は．

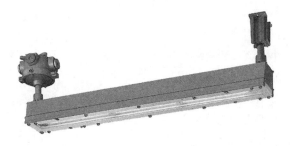

イ．極低温となる環境の場所

ロ．物が接触し損壊するおそれのある場所

ハ．海岸付近の塩害の影響を受ける場所

ニ．可燃性のガスが滞留するおそれのある場所

解説　写真に示す照明器具は防爆構造のものです．主要な使用場所は，ニの可燃性のガスが滞留するおそれのある場所です．

答え　ニ

Q–5

写真に示す配線器具（コンセント）で200 Vの回路に使用できないものは．

イ. 　ロ. 　ハ. 　ニ.

解説　写真に示す配線器具（コンセント）で200 Vの回路に使用できないものは，**ハの15 A 単相125 V 接地極付き引掛形コンセント**です．

答え　ハ

Q–6

写真に示す工具の名称は．

イ．トルクレンチ
ロ．呼び線挿入器
ハ．ケーブルジャッキ
ニ．張線器

解説　写真に示す工具の名称は，**ニの張線器**です．

答え　ニ

Q–7

写真の三相誘導電動機の構造において
矢印で示す部分の名称は．

イ．固定子巻線
ロ．回転子鉄心
ハ．回転軸
ニ．ブラケット

解説　写真の矢印で示す部分の名称
は，**ロの回転子鉄心**です．

答え　ロ

Q-8

写真に示す品物の用途は.

イ．容量 300 kV・A 未満の変圧器の一次
側保護装置として用いる.

ロ．保護継電器と組み合わせて，遮断器
として用いる.

ハ．電力ヒューズと組み合わせて，高圧
交流負荷開閉器として用いる.

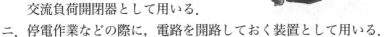

ニ．停電作業などの際に，電路を開路しておく装置として用いる.

解説　写真に示す品物は断路器（DS）です．用途は，**ニの停電作業などの
際に，電路を開路しておく装置**として用います.

答え　ニ

Q-9

地中に埋設または打ち込みをする接地極として，不適切なものは.

イ．縦 900 mm × 横 900 mm × 厚さ 2.6 mm のアルミ板

ロ．縦 900 mm × 横 900 mm × 厚さ 1.6 mm の銅板

ハ．直径 14 mm　長さ 1.5 m の銅溶覆鋼棒

ニ．内径 36 mm　長さ 1.5 m の厚鋼電線管

解説　地中に埋設または打ち込みをする接地極として不適切なものは，**イ
のアルミ板**です.

答え　イ

Q-10

写真に示す機器の文字記号（略号）は.

イ．DS　　ロ．PAS

ハ．LBS　　ニ．VCB

解説　写真に示す機器は真空遮断器です．文
字記号（略号）は，**ニの VCB** です.

答え　ニ

第 **7** 章

法令

01 電気工事士法

● 電気工事士法の目的と電気工作物の定義

1　電気工事士法の目的

　電気工事士法の目的について，電気工事士法第1条に次のように規定されています．

（目的）
第1条　この法律は，電気工事の作業に従事する者の資格及び義務を定め，もって電気工事の欠陥による災害の発生の防止に寄与することを目的とする．

　第1種電気工事士の学科試験では電気工事士法の目的はほとんど出題されていませんが，基本なので覚えておきましょう．

2　電気工作物の定義

　電気工作物について，電気工事士法第2条の用語の定義の項に，次のように規定されています．

（用語の定義）
第2条　この法律において「一般用電気工作物等」とは，一般用電気工作物（電気事業法（昭和39年法律第170号）第38条第1項に規定する一般用電気工作物をいう．以下同じ．）及び小規模事業用電気工作物（同条3項に規定する小規模事業用電気工作物をいう．以下同じ．）をいう．
2　この法律において「自家用電気工作物」とは，電気事業法第38条第4項に規定する自家用電気工作物（小規模事業用電気工作物及び発電所，変電所，最大電力500 kW以上の需要設備（電気を使用するために，その使用の場所と同一の構内（発電所又は変電所の構内を除く．）に設置する電気工作物（同法第2条第1項第十八号に規定する電

気工作物をいう．）の総合体をいう．）その他の経済産業省令で定める
ものを除く．）をいう．

電気工事士法では，電気工作物は一般用電気工作物等と自家用電気工作
物について次のように定義されています．

① 一般用電気工作物等

電気事業法に規定する一般用電気工作物です．なお電気事業法に規定す
る一般用電気工作物の定義については後段の電気事業法で解説します．

② 自家用電気工作物

電気事業法に規定する自家用電気工作物のうち，**小規模事業用電気工作
物，発電所，変電所，最大電力 500 kW 以上の需要設備を除外**したもので
す．したがって，電気工事士法に規定する自家用電気工作物とは，電気事
業法に規定する自家用電気工作物のうち，最大電力 500 kW 未満の需要設
備のみが該当します．それ以外の，小規模事業用電気工作物，発電所，変
電所，最大電力 500 kW 以上の需要設備は，電気工事士法の自家用電気工
作物ではありません．

● 電気工事士等

電気工事士等について，電気工事士法第 3 条に次のように規定されてい
ます．

（電気工事士等）
第 3 条　第 1 種電気工事士免状の交付を受けている者（以下「第 1 種
電気工事士」という．）でなければ，自家用電気工作物に係る電気工
事（第 3 項に規定する電気工事を除く．第 4 項において同じ．）の作業
（自家用電気工作物の保安上支障がないと認められる作業であって，
経済産業省令で定めるものを除く．）に従事してはならない．
2　第 1 種電気工事士又は第 2 種電気工事士免状の交付を受けている
者（以下「第 2 種電気工事士」という．）でなければ，一般用電気工作
物等に係る電気工事の作業（一般用電気工作物等の保安上支障がない
と認められる作業であって，経済産業省令で定めるものを除く．）に
従事してはならない．

3 自家用電気工作物に係る電気工事のうち経済産業省令で定める特殊なもの（以下「特殊電気工事」という．）については，当該特殊電気工事に係る特種電気工事資格者認定証の交付を受けている者（以下「特種電気工事資格者」という．）でなければ，その作業（自家用電気工作物の保安上支障がないと認められる作業であって，経済産業省令で定めるものを除く．）に従事してはならない．

4 自家用電気工作物に係る電気工事のうち経済産業省令で定める簡易なもの（以下「簡易電気工事」という．）については，第1項の規定にかかわらず，認定電気工事従事者認定証の交付を受けている者（以下「認定電気工事従事者」という．）は，その作業に従事することができる．

電気工事士法第3条についてまとめると次のとおりです．

第1種電気工事士でなければ，**最大電力500 kW未満の需要設備の自家用電気工作物の電気工事の作業に従事できません**．ただし，簡易電気工事については認定電気工事従事者でも従事することができます．簡易電気工事とは，**電圧600 V以下で使用する自家用電気工作物に係る電気工事**で，電気工事士法施行規則第2条の3に次のように規定されています．

（簡易電気工事）
第2条の3 法第3条第4項の自家用電気工作物に係る電気工事のうち経済産業省令で定める簡易なものは，電圧600 V以下で使用する自家用電気工作物に係る電気工事（電線路に係るものを除く．）とする．

第1種電気工事士は，最大電力500 kW未満の需要設備の自家用電気工作物の電気工事の作業に従事できます．ただし，**特殊電気工事については，特種電気工事資格者でなければ従事してはなりません**．特殊電気工事とは**ネオン工事と非常用予備発電装置工事**です．したがって，最大電力500 kW未満の需要設備の自家用電気工作物の電気工事であっても，**ネオン工事と非常用予備発電工事については，第1種電気工事士であっても作業に従事することはできません**．特殊電気工事については，電気工事士法施行規則第2条の2に次のように規定されています．

（特殊電気工事）

第2条の2　法第3条第3項の自家用電気工作物に係る電気工事のうち経済産業省令で定める特殊なものは，次のとおりとする．

一　ネオン用として設置される分電盤，主開閉器（電源側の電線との接続部分を除く．），タイムスイッチ，点滅器，ネオン変圧器，ネオン管及びこれらの附属設備に係る電気工事（以下「ネオン工事」という．）

二　非常用予備発電装置として設置される原動機，発電機，配電盤（他の需要設備との間の電線との接続部分を除く．）及びこれらの附属設備に係る電気工事（以下「非常用予備発電装置工事」という．）

■ 工事と作業

電気工事士法施行令と電気工事士法施行規則に，電気工事士でなくても従事できる軽微な工事と，電気工事士でなければ従事できない軽微な作業以外の作業が規定されています．

1　電気工事士でなくても従事できる軽微な工事

軽微な工事については，電気工事士法施行令第1条に次のように規定されています．

（軽微な工事）

第1条　電気工事士法（以下「法」という．）第2条第3項ただし書の政令で定める軽微な工事は，次のとおりとする．

一　電圧600V以下で使用する差込み接続器，ねじ込み接続器，ソケット，ローゼットその他の接続器又は電圧600V以下で使用するナイフスイッチ，カットアウトスイッチ，スナップスイッチその他の開閉器にコード又はキャブタイヤケーブルを接続する工事

二　電圧600V以下で使用する電気機器（配線器具を除く．以下同じ．）又は電圧600V以下で使用する蓄電池の端子に電線（コード，キャブタイヤケーブル及びケーブルを含む．以下同じ．）をねじ止めする工事

三　電圧 600 V 以下で使用する電力量計若しくは電流制限器又は
ヒューズを取り付け，又は取り外す工事
四　電鈴，インターホーン，火災感知器，豆電球その他これらに類す
る施設に使用する小型変圧器（二次電圧が 36 V 以下のものに限る．）
の二次側の配線工事
五　電線を支持する柱，腕木その他これらに類する工作物を設置し，
又は変更する工事
六　地中電線用の暗渠又は管を設置し，又は変更する工事

電圧 600 V 以下で使用する電気機器の端子に電線をねじ止めする工事
は，電気工事士でなくても従事できる**軽微な工事**です．

2　電気工事士でなければ従事できない軽微な作業以外の作業

電気工事士でなければ従事することができない作業については，電気工
事士法施行規則第 2 条に軽微な作業以外の作業として，次のように規定さ
れています．

（軽微な作業）
第 2 条　法第 3 条第 1 項の自家用電気工作物の保安上支障がないと認
められる作業であって，経済産業省令で定めるものは，次のとおりと
する．
一　次に掲げる作業以外の作業
イ　電線相互を接続する作業（電気さく（定格一次電圧 300 V 以下で
あって感電により人体に危害を及ぼすおそれがないように出力電流を
制限することができる電気さく用電源装置から電気を供給されるもの
に限る．以下同じ．）の電線を接続するものを除く．）
ロ　がいしに電線（電気さくの電線及びそれに接続する電線を除く．
ハ，ニ及びチにおいて同じ．）を取り付け，又はこれを取り外す作業
ハ　電線を直接造営材その他の物件（がいしを除く．）に取り付け，
又はこれを取り外す作業
ニ　電線管，線樋，ダクトその他これらに類する物に電線を収める作
業
ホ　配線器具を造営材その他の物件に取り付け，若しくはこれを取り
外し，又はこれに電線を接続する作業（露出型点滅器又は露出型コン

セントを取り換える作業を除く．）

ヘ　電線管を曲げ，若しくはねじ切りし，又は電線管相互若しくは電線管とボックスその他の附属品とを接続する作業

ト　金属製のボックスを造営材その他の物件に取り付け，又はこれを取り外す作業

チ　電線，電線管，線樋，ダクトその他これらに類する物が造営材を貫通する部分に金属製の防護装置を取り付け，又はこれを取り外す作業

リ　金属製の電線管，線樋，ダクトその他これらに類する物又はこれらの附属品を，建造物のメタルラス張り，ワイヤラス張り又は金属板張りの部分に取り付け，又はこれらを取り外す作業

ヌ　配電盤を造営材に取り付け，又はこれを取り外す作業

ル　接地線（電気さくを使用するためのものを除く．以下この条において同じ．）を自家用電気工作物（自家用電気工作物のうち最大電力500 kW 未満の需要設備において設置される電気機器であって電圧600 V 以下で使用するものを除く．）に取り付け，若しくはこれを取り外し，接地線相互若しくは接地線と接地極（電気さくを使用するためのものを除く．以下この条において同じ．）とを接続し，又は接地極を地面に埋設する作業

ヲ　電圧 600 V を超えて使用する電気機器に電線を接続する作業

　配線器具の取り付け，取り外し，または電線を接続する作業は電気工事士でなければ従事できない作業ですが，露出型点滅器又は露出型コンセントを取り換える作業は，電気工事士でなければ従事できない作業から除外されているので注意しましょう．

■ 免状，講習，義務

　電気工事士の免状，講習，義務については，電気工事士法に次のように規定されています．

1　免状の交付

　電気工事士免状について，電気工事士法第 4 条に次のように規定されています．

> （電気工事士免状）
>
> 第4条　電気工事士免状の種類は，第1種電気工事士免状及び第2種電気工事士免状とする．
>
> 2　電気工事士免状は，都道府県知事が交付する．
>
> 3　第1種電気工事士免状は，次の各号の一に該当する者でなければ，その交付を受けることができない．
>
> 一　第1種電気工事士試験に合格し，かつ，経済産業省令で定める電気に関する工事に関し経済産業省令で定める実務の経験を有する者
>
> 6　都道府県知事は，電気工事士がこの法律又は電気用品安全法（昭和36年法律第234号）第28条第1項の規定に違反したときは，その電気工事士免状の返納を命ずることができる．

電気工事士の免状についてまとめると次のとおりです．

① **電気工事士免状は都道府県知事が交付します．**

② **第1種電気工事士免状は，試験に合格しても実務経験がないと交付を受けることができません．**

③ **知事は，電気工事士が電気工事士法または電気用品安全法に違反したときは，電気工事士免状の返納を命ずることができます．**

2　第1種電気工事士の講習

第1種電気工事士の講習について，電気工事士法第4条の3に次のように規定されています．

> （第1種電気工事士の講習）
>
> 第4条の3　第1種電気工事士は，経済産業省令で定めるやむを得ない事由がある場合を除き，第1種電気工事士免状の交付を受けた日から5年以内に，経済産業省令で定めるところにより，経済産業大臣の指定する者が行う自家用電気工作物の保安に関する講習を受けなければならない．当該講習を受けた日以降についても，同様とする．

第1種電気工事士は，免状の交付を受けた日から5年以内に講習を受けなければなりません．5年以内なので4年目に受講してもOKです．また期限の起点は，合格してからではなく交付を受けた日からです．

3 電気工事士等の義務

電気工事士等の義務が，電気工事士法第5条に次のように規定されています．

（電気工事士等の義務）

第5条　電気工事士，特種電気工事資格者又は認定電気工事従事者は，一般用電気工作物に係る電気工事の作業（第3条第2項の経済産業省令で定める作業を除く．）に従事するときは電気事業法第56条第1項の経済産業省令で定める技術基準に，小規模事業用電気工作物に係る電気工事の作業（第3条第2項の経済産業省令で定める作業を除く．）又は自家用電気工作物に係る電気工事の作業（第3条第1項及び第3項の経済産業省令で定める作業を除く．）に従事するときは同法第39条第1項の主務省令で定める技術基準に適合するようにその作業をしなければならない．

2　電気工事士，特種電気工事資格者又は認定電気工事従事者は，前項の電気工事の作業に従事するときは，電気工事士免状，特種電気工事資格者認定証又は認定電気工事従事者認定証を携帯していなければならない．

第1種電気工事士が，最大電力500kW未満の需要設備の自家用電気工作物の電気工事の作業等に従事するときは，第1種電気工事士の**免状を携帯**していなければなりません．

4 報告の徴収

都道府県知事による電気工事士等への報告の徴収が，電気工事士法第9条に次のように規定されています．

（報告の徴収）

第9条　都道府県知事は，この法律の施行に必要な限度において，政令で定めるところにより，電気工事士，特種電気工事資格者又は認定電気工事従事者に対し，電気工事の業務に関して報告をさせることができる．

都道府県知事は，電気工事士等に対し，電気工事の業務に関して**報告**をさせることができます．

02 電気工事業法

● 登録電気工事業者と通知電気工事業者

電気工事業者は電気工事業の業務の適正化に関する法律（以下，電気工事業法）により，登録電気工事業者と通知電気工事業者に定義されています．

> （定義）
> 第2条
> 3　この法律において「登録電気工事業者」とは次条第1項又は第3項の登録を受けた者を，「通知電気工事業者」とは第17条の2第1項の規定による通知をした者を，「電気工事業者」とは登録電気工事業者及び通知電気工事業者をいう．

1　登録

登録については電気工事業法第3条に次のように規定されています．

> （登録）
> 第3条　電気工事業を営もうとする者（第17条の2第1項に規定する者を除く．第3項において同じ．）は，1以上の都道府県の区域内に営業所（電気工事の作業の管理を行わない営業所を除く．以下同じ．）を設置してその事業を営もうとするときは経済産業大臣の，1の都道府県の区域内にのみ営業所を設置してその事業を営もうとするときは当該営業所の所在地を管轄する都道府県知事の登録を受けなければならない．
> 2　登録電気工事業者の登録の有効期間は，5年とする．

登録の有効期間は5年です．

2　通知

通知については電気工事業法第 17 条の 2 に次のように規定されています．

（自家用電気工事のみに係る電気工事業の開始の通知等）

第 17 条の 2　自家用電気工作物に係る電気工事（以下「自家用電気工事」という．）のみに係る電気工事業を営もうとする者は，経済産業省令で定めるところにより，その事業を開始しようとする日の 10 日前までに，2 以上の都道府県の区域内に営業所を設置してその事業を営もうとするときは経済産業大臣に，1 の都道府県の区域内にのみ営業所を設置してその事業を営もうとするときは当該営業所の所在地を管轄する都道府県知事にその旨を通知しなければならない．

自家用電気工事のみに係る電気工事業を営もうとする者は，通知しなければなりません．

3　登録電気工事業者と通知電気工事業者

登録電気工事業者と通知電気工事業者についてまとめると，次のとおりです．

① 　自家用電気工事のみの場合は通知すればよいです．

② 　①以外の場合（一般用電気工事をする場合）は登録を受けなければなりません．

③ 　登録の有効期間は 5 年です．

■ 主任電気工事士・電気用品の使用

登録電気工事業者には主任電気工事士の設置が義務づけられています．また，登録および通知の電気工事業者には，電気用品安全法の表示が付されている電気用品の電気工事への使用が義務づけられています．

1　主任電気工事士の設置

主任電気工事士の設置について，電気工事業法第 19 条に次のように規定されています．

> （主任電気工事士の設置）
>
> 第19条　登録電気工事業者は，その一般用電気工作物等に係る電気工事（以下「一般用電気工事」という．）の業務を行う営業所（以下この条において「特定営業所」という．）ごとに，当該業務に係る一般用電気工事の作業を管理させるため，第1種電気工事士又は電気工事士法による第2種電気工事士免状の交付を受けた後電気工事に関し3年以上の実務の経験を有する第2種電気工事士であって第6条第1項第一号から第四号までに該当しないものを，主任電気工事士として，置かなければならない．

前述したとおり一般用電気工作物等の電気工事を行う場合は登録が必要で，登録電気工事業者は一般用電気工作物等の電気工事を行う営業所ごとに主任電気工事士を置かなければなりません．自家用電気工作物の電気工事しか行わない通知電気工事業者には，主任電気工事士の設置は必要ありません．一般用電気工事のほうが厳しい規制なのは一般の人を保護するためです．

主任電気工事士の要件は次のとおりです．

① **第1種電気工事士**

② **実務経験3年以上の第2種電気工事士**

主任電気工事士として設置できるのは，**第1種電気工事士か実務経験3年以上の第2種電気工事士**のみです．第1種電気工事士には実務経験は不要です．電気主任技術者や認定電気工事従事者は実務経験の有無にかかわらず，主任電気工事士として設置できません．また電気工事業者の社長などの代表者が電気工事士である必要はありません．

2　主任電気工事士の職務等

主任電気工事士の職務等について，電気工事業法第20条に次のように規定されています．

> （主任電気工事士の職務等）
>
> 第20条　主任電気工事士は，一般用電気工事による危険及び障害が発生しないように一般用電気工事の作業の管理の職務を誠実に行わなければならない．

> 2 一般用電気工事の作業に従事する者は，主任電気工事士がその職務を行うため必要があると認めてする指示に従わなければならない．

　主任電気工事士は，一般用電気工事の作業の管理の職務を誠実に行わなければなりません．また　一般用電気工事に従事する者は，主任電気工事士の指示に従わなければなりません．

3　電気用品の使用の制限

　電気用品の使用の制限について，電気工事業法第23条に次のように規定されています．

> （電気用品の使用の制限）
> 第23条　電気工事業者は，電気用品安全法第10条第1項の表示が付されている電気用品でなければ，これを電気工事に使用してはならない．

　登録電気工事業者も通知電気工事業者も電気工事業者は，電気用品安全法の表示が付されている電気用品でなければ電気工事に使用してはなりません．なお電気用品安全法の表示については，後段で解説します．

■ 器具・標識・帳簿

　電気工事業法に，器具の備付け，標識の掲示，帳簿の備付けが規定されています．

1　器具の備付け

　電気工事業者が営業所ごとに備え付ける器具について，電気工事業法第24条と電気工事業法施行規則第11条に次のように規定されています．

> （器具の備付け）
> 第24条　電気工事業者は，その営業所ごとに，絶縁抵抗計その他の経済産業省令で定める器具を備えなければならない．

第11条　法第24条の経済産業省令で定める器具は，次のとおりとする．

一　自家用電気工事の業務を行う営業所にあっては，絶縁抵抗計，接地抵抗計，抵抗及び交流電圧を測定することができる回路計，低圧検電器，高圧検電器，継電器試験装置並びに絶縁耐力試験装置（継電器試験装置及び絶縁耐力試験装置にあっては，必要なときに使用し得る措置が講じられているものを含む．）

二　一般用電気工事のみの業務を行う営業所にあっては，絶縁抵抗計，接地抵抗計並びに抵抗及び交流電圧を測定することができる回路計

電気工事業者が営業所ごとに備え付ける器具についてまとめると次の表のとおりです．

器具	自家用電気工事を行う営業所	一般用電気工事のみ行う営業所
絶縁抵抗計	○	○
接地抵抗計	○	○
回路計	○	○
低圧検電器	○	－
高圧検電器	○	－
継電器試験装置	○	－
絶縁耐力試験装置	○	－

○：必要　－：不要

2　標識の掲示

標識の掲示について，電気工事業法第25条に次のように規定されています．

（標識の掲示）

第25条　電気工事業者は，経済産業省令で定めるところにより，その営業所及び電気工事の施工場所ごとに，その見やすい場所に，氏名又は名称，登録番号その他の経済産業省令で定める事項を記載した標識を掲げなければならない．

電気工事業者は，**営業所とともに施工場所（工事現場）に標識を掲げる**必要があります．たとえ工事期間が2日間のような短期間であっても工事現場に標識を掲げる必要があります．

3　帳簿の備え付け

電気工事業者が営業所ごとに備え付ける帳簿について，電気工事業法第26条と電気工事業法施行規則第13条に次のように規定されています．

（帳簿の備付け等）

第26条　電気工事業者は，経済産業省令で定めるところにより，その営業所ごとに帳簿を備え，その業務に関し経済産業省令で定める事項を記載し，これを保存しなければならない．

（帳簿）

第13条　法第26条の規定により，電気工事業者は，その営業所ごとに帳簿を備え，電気工事ごとに次に掲げる事項を記載しなければならない．

一　注文者の氏名または名称および住所

二　電気工事の種類および施工場所

三　施工年月日

四　主任電気工事士等および作業者の氏名

五　配線図

六　検査結果

2　前項の帳簿は，記載の日から5年間保存しなければならない．

電気工事業者は，**営業所ごとに所定事項が記載された帳簿**を備え，**5年間保存**しなければなりません．**帳簿の記載事項は，注文者の氏名，主任電気工事士の氏名等**です．施工金額は，帳簿に記載すべき事項に該当しません．

03 電気用品安全法

■目的，定義，表示，制限等

電気用品安全法に定められている目的，定義，表示，制限等を以下に示します．

1　電気用品安全法の目的

電気用品安全法の目的は電気用品安全法第1条に次のように規定されています．

（目的）

第1条　この法律は，電気用品の製造，販売等を規制するとともに，電気用品の安全性の確保につき民間事業者の自主的な活動を促進することにより，電気用品による危険及び障害の発生を防止することを目的とする．

電気用品安全法の目的は本試験であまり問われませんが，基本事項なので確認しておきましょう．電気用品安全法の目的は，電気用品の製造，販売等を規制して，**電気用品による危険，障害の発生を防止**することです．

2　電気用品の定義

電気用品の定義は，電気用品安全法第2条に次のように定義されています．

（定義）

第2条　この法律において「電気用品」とは，次に掲げる物をいう．

一　一般用電気工作物等（電気事業法（昭和39年法律第170号）第38条第1項に規定する一般用電気工作物及び同条第3項に規定する小規模事業用電気工作物をいう．）の部分となり，又はこれに接続して用いられる機械，器具又は材料であって，政令で定めるもの

二　携帯発電機であって，政令で定めるもの

三 蓄電池であって，政令で定めるもの

2　この法律において「特定電気用品」とは，構造又は使用方法その他の使用状況からみて特に危険又は障害の発生するおそれが多い電気用品であって，政令で定めるものをいう.

電気用品の定義についてまとめると，次のとおりです.

① **政令で定める一般用電気工作物等に用いられる機械，器具，材料**

② **政令で定める携帯発電機，蓄電池**

③ **特定電気用品とは政令で定める危険，障害の発生するおそれが多い電気用品**

一般の人が触れる機会の多い一般用電気工作物等に用いられる用品や携帯発電機などが電気用品として規定されています. 特に危険，障害の発生するおそれが多いものが特定電気用品として規定されています. なお，特定電気用品以外の電気用品はそのままの表現である「特定電気用品以外の電気用品」といいます.

3　電気用品の表示

電気用品の表示については，電気用品安全法第10条に次のように規定されています.

（表示）

第10条　届出事業者は，その届出に係る型式の電気用品の技術基準に対する適合性について，第8条第2項（特定電気用品の場合にあっては，同項及び前条第1項）の規定による義務を履行したときは，当該電気用品に経済産業省令で定める方式による表示を付することができる.

2　届出事業者がその届出に係る型式の電気用品について前項の規定により表示を付する場合でなければ，何人も，電気用品に同項の表示又はこれと紛らわしい表示を付してはならない.

電気用品の表示についてまとめると次のとおりです.

① **技術基準の適合性の規定の義務を履行したときは，表示をすることができます.**

② **規定の義務を履行していない場合には，表示や紛らわしい表示をして**

はなりません.

4 電気用品の販売・使用の制限

電気用品の販売・使用の制限については,電気用品安全法第27,28条に次のように規定されています.

（販売の制限）

第27条　電気用品の製造,輸入又は販売の事業を行う者は,第10条第1項の表示が付されているものでなければ,電気用品を販売し,又は販売の目的で陳列してはならない.

（使用の制限）

第28条　電気事業法第2条第1項第十七号に規定する電気事業者,同法第38条第4項に規定する自家用電気工作物を設置する者,電気工事士法（昭和35年法律第139号）第2条第4項に規定する電気工事士,同法第3条第3項に規定する特種電気工事資格者又は同条第4項に規定する認定電気工事従事者は,第10条第1項の表示が付されているものでなければ,電気用品を電気事業法第2条第1項第十八号に規定する電気工作物の設置又は変更の工事に使用してはならない.

電気用品の販売・使用の制限についてまとめると,次のとおりです.

① **販売事業者等は適合性が表示されている電気用品でなければ販売,陳列してはなりません.**

② **電気工事士等は適合性が表示されている電気用品でなければ工事に使用してはなりません.**

● 特定電気用品と特定電気用品以外の電気用品

特定電気用品と特定電気用品以外の電気用品について次に示します.

1 特定電気用品と特定電気用品以外の電気用品の表示

特定電気用品と特定電気用品以外の電気用品の表示については電気用品安全法施行規則別表第6,別表第7に次のように規定されています.

別表第6　特定電気用品に表示する記号（第17条関係）

電線，ヒューズ，配線器具等の部品材料であって構造上表示スペースを確保することが困難なものにあっては，本記号に代えて　＜PS＞Eとすることができる．

別表第7　特定電気用品以外の電気用品に表示する記号（第17条関係）

電線，電線管類及びその附属品，ヒューズ，配線器具等の部品材料であって構造上表示スペースを確保することが困難なものにあっては，本記号に代えて　(PS)E　とすることができる．

2　主な特定電気用品

　政令（電気用品安全法施行令別表第1）で規定されている主な特定電気用品は次のとおりです．

電気用品安全法施行令　別表第1（抜粋）

一　電線（定格電圧が100 V以上600 V以下のものに限る．）であって，次に掲げるもの

（一）　絶縁電線であって，次に掲げるもの（導体の公称断面積が100 mm² 以下のものに限る．）

（二）　ケーブル（導体の公称断面積が22 mm² 以下，線心が7本以下及び外装がゴム（合成ゴムを含む．）又は合成樹脂のものに限る．）

（四）　キャブタイヤケーブル（導体の公称断面積が100 mm² 以下及び線心が7本以下のものに限る．）

二　ヒューズであって，次に掲げるもの（定格電圧が100 V以上

300 V 以下のものであって，交流の電路に使用するものに限る.）

（一）　温度ヒューズ

（二）　その他のヒューズ（定格電流が 1 A 以上 200 A 以下（電動機用ヒューズにあっては，その適用電動機の定格容量が 12 kW 以下）のものに限り，別表第 2 第三号に掲げるもの及び半導体保護用速動ヒューズを除く.）

三　配線器具であって，次に掲げるもの（定格電圧が 100 V 以上 300 V 以下（蛍光灯用ソケットにあっては，100 V 以上 1 000 V 以下）のものであって，交流の電路に使用するものに限り，防爆型のもの及び油入型のものを除く.）

（一）　タンブラースイッチ，中間スイッチ，タイムスイッチその他の点滅器（定格電流が 30 A 以下のものに限り，別表第 2 第四号（一）に掲げるもの及び機械器具に組み込まれる特殊な構造のものを除く.）

（二）　開閉器であって，次に掲げるもの（定格電流が 100 A 以下（電動機用のものにあっては，その適用電動機の定格容量が 12 kW 以下）のものに限り，機械器具に組み込まれる特殊な構造のものを除く.）

5　配線用遮断器

6　漏電遮断器

（四）　接続器及びその附属品であって，次に掲げるもの（定格電流が 50 A 以下のものであって，極数が 5 以下のものに限り，タイムスイッチ機構以外の点滅機構を有するものを含む.）

1　差込み接続器（別表第 2 第四号（三）に掲げるもの及び機械器具に組み込まれる特殊な構造のものを除く.）

5　ジョイントボックス

六　電熱器具であって，次に掲げるもの（定格電圧が 100 V 以上 300 V 以下及び定格消費電力が 10 kW 以下のものであって，交流の電路に使用するものに限る.）

（一）　電気便座

（四）　電気温水器

一〇　定格電圧が 30 V 以上 300 V 以下の携帯発電機

過去に出題された主な特定電気用品についてまとめると，次のとおりです．

① **定格電圧 100 V 以上 600 V 以下，断面積 100 mm² 以下の絶縁電線**

② **定格電圧 100 V 以上 600 V 以下，断面積 22 mm² 以下，7 心以下のケーブル**

③ **定格電圧 100 V 以上 600 V 以下，断面積 100 mm² 以下，7 心以下のキャブタイヤケーブル**

④ **定格電圧 100 V 以上 300 V 以下，定格電流 1 A 以上 200 A 以下のヒューズ**

⑤ **定格電圧 100 V 以上 300 V 以下，定格電流 30 A 以下の点滅器，タイムスイッチ**

⑥ **定格電圧 100 V 以上 300 V 以下，定格電流 100 A 以下の配線用遮断器，漏電遮断器**

⑦ **定格電流 50 A 以下，5 極以下の差込み接続器，ジョイントボックス**

⑧ **定格電圧 100 V 以上 300 V 以下，定格消費電力 10 kW 以下の電気便座，電気温水器**

⑨ **定格電圧 30 V 以上 300 V 以下の携帯発電機**

　一般の人が触れる可能性のある細い電線や容量の小さい開閉器，電気便座，携帯発電機などが**特定電気用品**として規定されています．

04 電気事業法

●電圧の種別

　電圧の種別については，電気事業法の関係規則である電気設備に関する技術基準を定める省令の第2条に次のように規定されています．

> （電圧の種別等）
> 第2条　電圧は，次の区分により低圧，高圧及び特別高圧の3種とする．
> 一　低圧　直流にあっては750 V以下，交流にあっては600 V以下のもの
> 二　高圧　直流にあっては750 Vを，交流にあっては600 Vを超え，7 000 V以下のもの
> 三　特別高圧　7 000 Vを超えるもの

　電圧は，低圧，高圧，特別高圧の3種類に種別されていますが，このうち第1種電気工事士の学科試験でよく問われるのは**交流の高圧**（600 Vを**超え7 000 V以下**）の区分です．

●電気工作物

　電気工作物は，一般用電気工作物と事業用電気工作物に区分されます．また事業用電気工作物は自家用電気工作物とそれ以外の事業用電気工作物に区分されます．自家用電気工作物以外の事業用電気工作物は電気事業用電気工作物といわれています．

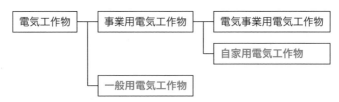

1 一般用電気工作物

一般用電気工作物は，電気事業法第38条第1項に次のように規定されています．

第一節　定義

第38条　この法律において「一般用電気工作物」とは，次に掲げる電気工作物であって，構内（これに準ずる区域内を含む．以下同じ．）に設置するものをいう．ただし，小規模発電設備（低圧（経済産業省令で定める電圧以下の電圧をいう．第一号において同じ．）の電気に係る発電用の電気工作物であって，経済産業省令で定めるものをいう．以下同じ．）以外の発電用の電気工作物と同一の構内に設置するもの又は爆発性若しくは引火性の物が存在するため電気工作物による事故が発生するおそれが多い場所として経済産業省令で定める場所に設置するものを除く．

一　電気を使用するための電気工作物であって，低圧受電電線路（当該電気工作物を設置する場所と同一の構内において低圧の電気を他の者から受電し，又は他の者に受電させるための電線路をいう．次号ロ及び第3項第一号ロにおいて同じ．）以外の電線路によりその構内以外の場所にある電気工作物と電気的に接続されていないもの

二　小規模発電設備であって，次のいずれにも該当するもの

イ　出力が経済産業省令で定める出力未満のものであること．

ロ　低圧受電電線路以外の電線路によりその構内以外の場所にある電気工作物と電気的に接続されていないものであること．

三　前二号に掲げるものに準ずるものとして経済産業省令で定めるもの

要するに，一般用電気工作物は次の要件をすべて満たす電気工作物をいいます．1つでも要件を満たさない場合は事業用電気工作物になります．

① 小規模発電設備以外の発電用の電気工作物と同一の構内に設置するものではない．

② 火薬など爆発性もしくは引火性の物が存在していない．

③ 省令で定める電圧以下の電圧（低圧）で受電し，同一の構内で電気を使用するもの．

④　小規模発電設備で，省令で定める電圧以下（低圧）の電圧で構内以外に接続されていないもの．

　上記①〜④の要件を１つでも満たしていないと事業用電気工作物に該当します．したがって，

・低圧受電
・同一構内のみ
・火薬などの爆発性もしくは引火性の物がない
・発電設備があるとしても小規模

の４つの要件をすべて満たしている場合のみ，一般用電気工作物となります．

2　事業用電気工作物

　事業用電気工作物は，電気事業法第38条第2項に次のように規定されています．

　2　この法律において「事業用電気工作物」とは，一般用電気工作物以外の電気工作物をいう．

　電気工作物は，一般用と事業用に大別されます．

3　自家用電気工作物

　自家用電気工作物は，電気事業法第38条第4項に次のように規定されています．

　4　この法律において「自家用電気工作物」とは，次に掲げる事業の用に供する電気工作物及び一般用電気工作物以外の電気工作物をいう．
一　一般送配電事業
二　送電事業
三　配電事業
四　特定送配電事業
五　発電事業であって，その事業の用に供する発電等用電気工作物が主務省令で定める要件に該当するもの

　要するに自家用電気工作物とは，自分のところで電気を使用するための工作物です．自家用電気工作物以外の発電事業や送配電事業の事業用電気

工作物は，**電気事業用電気工作物**といいます．前述したとおり**第1種電気工事士の規制の範囲は自家用電気工作物**です．**電気事業用電気工作物**は，第1種電気工事士の規制の**範囲外**になります．

4 小規模発電設備

小規模発電設備については，電気事業法施行規則第48条第2項に次のように規定されています．

（一般用電気工作物の範囲）

第48条

2 法第38条第1項ただし書の経済産業省令で定める発電用の電気工作物は，次のとおりとする．ただし，次の各号に定める設備であって，同一の構内に設置する次の各号に定める他の設備と電気的に接続され，それらの設備の出力の合計が50 kW 以上となるものを除く．

一 太陽電池発電設備であって出力50 kW 未満のもの

二 風力発電設備であって出力20 kW 未満のもの

三 次のいずれかに該当する水力発電設備であって，出力20 kW 未満のもの

イ 最大使用水量が毎秒1 m³ 未満のもの（ダムを伴うものを除く．）

ロ 特定の施設内に設置されるものであって別に告示するもの

四 内燃力を原動力とする火力発電設備であって出力10 kW 未満のもの

五 次のいずれかに該当する燃料電池発電設備であって，出力10 kW 未満のもの

イ 固体高分子型又は固体酸化物型の燃料電池発電設備であって，燃料・改質系統設備の最高使用圧力が0.1 MPa（液体燃料を通ずる部分にあっては，1.0 MPa）未満のもの

ロ 道路運送車両法（昭和26年法律第185号）第2条第2項に規定する自動車（二輪自動車，側車付二輪自動車，三輪自動車，カタピラ及びそりを有する軽自動車，大型特殊自動車，小型特殊自動車並びに被牽引自動車を除く．）に設置される燃料電池発電設備（当該自動車の動力源として用いる電気を発電するものであって，圧縮水素ガスを燃料とするものに限る．）であって，道路運送車両の保安基準（昭和26年運輸省令第67号）第17条第1項及び第17条の2第

5項の基準に適合するもの
六　発電用火力設備に関する技術基準を定める省令（平成9年通商産業省令第51号）第73条の2第1項に規定するスターリングエンジンで発生させた運動エネルギーを原動力とする発電設備であって，出力10 kW 未満のもの

小規模発電設備についてまとめると次のとおりです．
① **太陽電池発電設備：50 kW 未満**
② **風力発電設備：20 kW 未満**
③ **水力発電設備：20 kW 未満**
④ **内燃力火力発電設備：10 kW 未満**
⑤ **燃料電池発電設備：10 kW 未満**
⑥ **スターリングエンジンを原動力とする発電設備：10 kW 未満**
⑦ **合計：50 kW 未満**
発電設備のうち，**低圧・同一構内**のもので，上記①〜⑦のすべての要件を満たしている場合，小規模発電設備に該当します．

■保安規程，主任技術者，事故報告

そのほか，過去の第1種電気工事士の学科試験では，保安規程，主任技術者，電気関係報告等について出題されています．それぞれの概要は次のとおりです．

1　保安規程の届出

保安規程の届出については，電気事業法第42条に次のように規定されています．

（保安規程）
第42条　事業用電気工作物（小規模事業用電気工作物を除く．以下この款において同じ．）を設置する者は，事業用電気工作物の工事，維持及び運用に関する保安を確保するため，主務省令で定めるところにより，保安を一体的に確保することが必要な事業用電気工作物の組織ごとに保安規程を定め，当該組織における事業用電気工作物の使用（第51条第1項又は第52条第1項の自主検査を伴うものにあっては，

その工事）の開始前に，主務大臣に届け出なければならない．

事業用電気工作物の**設置者**は，電気工作物の**保安**を確保するため，**保安規程を定め，主務大臣（経済産業大臣）に届け出**なければなりません．

2 主任技術者の選任

主任技術者の選任については，電気事業法第43条に次のように規定されています．

（主任技術者）

第43条 事業用電気工作物を設置する者は，事業用電気工作物の工事，維持及び運用に関する保安の監督をさせるため，主務省令で定めるところにより，主任技術者免状の交付を受けている者のうちから，主任技術者を選任しなければならない．

事業用電気工作物の**設置者**は，電気工作物の**保安の監督**をさせるため，**主任技術者を選任**しなければなりません．本項で規定している免状を**電気主任技術者免状**といいます．

3 事故報告

事故報告については電気関係報告規則第3条第2項に次のように規定されています．

（事故報告）

第3条

2 前項の規定による報告は，事故の発生を知った時から24時間以内可能な限り速やかに事故の発生の日時及び場所，事故が発生した電気工作物並びに事故の概要について，電話等の方法により行うとともに，事故の発生を知った日から起算して30日以内に様式第13の報告書を提出して行わなければならない．ただし，前項の表第四号ハに掲げるもの又は同表第八号から第十三号に掲げるもののうち当該事故の原因が自然現象であるものについては，同様式の報告書の提出を要しない．

なお，事故報告の義務者は，自家用電気工作物を**設置する者**，報告先は

電気工作物の設置の場所を管轄する**産業保安監督部長**です．したがって，自家用電気工作物の設置者は，管轄する産業保安監督部長に対し，事故を知ったときから 24 時間以内に電話等の方法により報告し，さらに 30 日以内に報告書を提出しなければなりません．

　また事故報告しなければならない事故については，電気関係報告規則第 3 条第 1 項に規定されており，主なものの概要は次のとおりです．

・感電死傷事故（死亡または病院もしくは診療所に入院した場合に限る．）
・電気火災事故（工作物にあっては，その半焼以上の場合に限る．）
・ほかの物件に損傷を与え，またはその機能の全部または一部を損なわせた事故
・主要電気工作物の破損事故
・一定以上の発電支障事故
・一定以上の供給支障事故
・ダムによって貯留された流水が当該ダムの洪水吐きから異常に放流された事故
・その他電気工作物に係る社会的に影響を及ぼした事故

◎過去問で実力チェック！

Q-1

「電気工事士法」および「電気用品安全法」において，正しいものは．

イ．交流 50 Hz 用の定格電圧 100 V，定格消費電力 56 W の電気便座は，特定電気用品ではない．

ロ．特定電気用品には，（PS）E と表示されているものがある．

ハ．第1種電気工事士は，「電気用品安全法」に基づいた表示のある電気用品でなければ，一般用電気工作物の工事に使用してはならない．

ニ．電気用品のうち，危険および障害の発生するおそれが少ないものは，特定電気用品である．

解説 電気工事士法，電気用品安全法において正しい記述は，ハの「第1種電気工事士は，電気用品安全法に基づいた表示のある電気用品でなければ，一般用電気工作物の工事に使用してはならない．」です．

イ 特定電気用品です．

ロ 特定電気用品は＜PS＞E と表示されます．

ニ 危険および障害の発生するおそれが多いものが特定電気用品です．

答え ハ

Q-2

電気工事業の業務の適正化に関する法律において，誤っていないものは．

イ．主任電気工事士の指示に従って，電気工事士が，電気用品安全法の表示が付されていない電気用品を電気工事に使用した．

ロ．登録電気工事業者が，電気工事の施工場所に二日間で完了する工事予定であったため，代表者の氏名等を記載した標識を掲げなかった．

ハ．電気工事業者が，電気工事ごとに配線図等を帳簿に記載し，3 年経ったのでそれを廃棄した．

ニ．登録電気工事業者の代表者は，電気工事士の資格を有する必要がない．

解説 電気工事業の業務の適正化に関する法律において誤っていない記述は，ニの「登録電気工事業者の代表者は，電気工事士の資格を有する必要がない．」です．

イ　表示が付されている電気用品を使用する必要があります．

ロ　工事期間に関わらず標識を掲げる必要があります．

ハ　帳簿は5年間保存する必要があります．

答え　ニ

Q-3

「電気工事士法」において，第1種電気工事士免状の交付を受けている者のみが従事できる電気工事の作業は．

イ．最大電力 400 kW の需要設備の 6.6 kV 変圧器に電線を接続する作業

ロ．出力 500 kW の発電所の配電盤を造営材に取り付ける作業

ハ．最大電力 600 kW の需要設備の 6.6 kV 受電用ケーブルを電線管に収める作業

ニ．配電電圧 6.6 kV の配電用変電所内の電線相互を接続する作業

解説　第1種電気工事士でなければ従事できない作業は，**イ**の「**最大電力 400 kW の需要設備の 6.6 kV 変圧器に電線を接続する作業**」です．

答え　イ

Q-4

「電気設備に関する技術基準」において，交流電圧の高圧の範囲は．

イ．600 V を超え 7 000 V 以下

ロ．750 V を超え 7 000 V 以下

ハ．600 V を超え 10 000 V 以下

ニ．750 V を超え 10 000 V 以下

解説　電気設備に関する技術基準において交流電圧の高圧の範囲は，**イ**の **600 V を超え 7 000 V 以下**です．

答え　イ

Q-5

電気工事士法において，第1種電気工事士に関する記述として，誤っているものは．

イ．第1種電気工事士は，一般用電気工作物に係る電気工事の作業に従事するときは，都道府県知事が交付した第1種電気工事士免状を携帯していなければならない．

ロ．第1種電気工事士は，電気工事の業務に関して，都道府県知事から報告を求められることがある．

ハ．都道府県知事は，第1種電気工事士が電気工事士法に違反したときは，その電気工事士免状の返納を命ずることができる．

ニ．第1種電気工事士試験の合格者には，所定の実務経験がなくても第1種電気工事士免状が交付される．

解説　第1種電気工事士の合格者であっても，**所定の実務経験**がないと第1種電気工事士の**免状を交付**することはできません．

答え　ニ

Q-6

「電気工事業の業務の適正化に関する法律」において，電気工事業者が，一般用電気工事のみの業務を行う営業所に備え付けなくてもよい器具は．

イ．絶縁抵抗計

ロ．接地抵抗計

ハ．抵抗および交流電圧を測定することができる回路計

ニ．低圧検電器

解説　一般用電気工事のみの業務を行う営業所に備えなくてはならない器具は，**絶縁抵抗計**，**回路計**，**接地抵抗計**です．したがって，備えなくてもよい器具は，**ニの低圧検電器**です．

答え　ニ

Q-7

電気工事士法において，自家用電気工作物（最大電力500 kW 未満の需要設備）に係る電気工事のうち「ネオン工事」または「非常用予備発電装置工事」に従事することのできる者は．

イ．特種電気工事資格者

ロ．認定電気工事従事者

ハ．第一種電気工事士

ニ．5年以上の実務経験を有する第二種電気工事士

解説　電気工事士法において自家用電気工作物に係る電気工事のうちネオン工事または非常用予備発電装置工事に従事することができる者は，**イの特種電気工事資格者**です．

答え　イ

Q-8

電気工事士法における自家用電気工作物（最大電力 500 kW 未満）において，第1種電気工事士または認定電気工事従事者の資格がなくても従事できる電気工事の作業は．

イ．金属製のボックスを造営材に取り付ける作業

ロ．配電盤を造営材に取り付ける作業

ハ．電線管に電線を収める作業

ニ．露出型コンセントを取り換える作業

解説 ニの露出型コンセントを取り換える作業は，電気工事士等の資格がなくても従事できる作業です．　　　　　　　　　　　答え　ニ

Q-9

電気用品安全法において，交流の電路に使用する定格電圧 100 V 以上 300 V 以下の機械器具であって，特定電気用品は．

イ．定格電流 60 A の配線用遮断器

ロ．定格出力 0.4 kW の単相電動機

ハ．定格静電容量 100 μF の進相コンデンサ

ニ．(PS) E と表示された器具

解説 定格電流 100 A 以下である定格電流 60 A の配線用遮断器は，特定電気用品に該当します．　　　　　　　　　　　　　答え　イ

Q-10

電気工事業の業務の適正化に関する法律において，主任電気工事士になれる者は．

イ．認定電気工事従事者認定証の交付を受け，かつ，電気工事に関し 2 年の実務経験を有する者

ロ．第2種電気工事士免状の交付を受け，かつ，電気工事に関し 2 年の実務経験を有する者

ハ．第3種電気主任技術者免状の交付を受けた者

ニ．第1種電気工事士免状の交付を受けた者

解説 選択肢の中で主任電気工事士になれる者は，ニの第1種電気工事士の免状の交付を受けた者です．　　　　　　　　　　答え　ニ

第 **8** 章

自家用電気工作物の検査

01 絶縁抵抗試験

　絶縁抵抗試験とは，電路が大地からの絶縁性能が確保されているかどうか確認するため，電路の絶縁抵抗を専用の測定器である**絶縁抵抗計（メガー）**で測定する試験をいいます．そのほか，停電が必要な絶縁抵抗の測定をすることが困難な場合には，**漏えい電流の測定**が実施されます．漏えい電流の測定には，漏えい電流が計測できる**クランプ電流計**が使用されます．

絶縁抵抗計（メガー）

漏えい電流用クランプ電流計

1　高圧ケーブルの絶縁抵抗測定

　高圧ケーブルの絶縁抵抗の測定を行うときには，絶縁抵抗計の保護端子（ガード端子）を使用します．**保護端子（ガード端子）を使用する目的は，絶縁物の表面を流れる漏えい電流による誤差を防ぐためです．**

　次の図のように，芯線の導体に絶縁抵抗計のL端子，絶縁物にG（ガード）端子，遮へい銅テープにE端子をつないで測定し，絶縁物の表面を流れる漏えい電流が指示計に流れないようにして誤差を防いでいます．

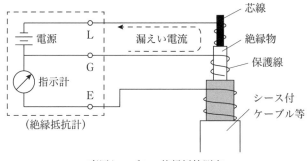

高圧ケーブルの絶縁抵抗測定

2 低圧の電路の絶縁性能

低圧の電路の絶縁性能は，電気設備に関する技術基準を定める省令第58条に次のように規定されています．

第58条　電気使用場所における使用電圧が低圧の電路の電線相互間及び電路と大地との間の絶縁抵抗は，開閉器又は過電流遮断器で区切ることのできる電路ごとに，次の表の左欄に掲げる電路の使用電圧の区分に応じ，それぞれ同表の右欄に掲げる値以上でなければならない．

電路の使用電圧の区分		絶縁抵抗値
300 V 以下	対地電圧（接地式電路においては電線と大地との間の電圧，非接地式電路においては電線間の電圧をいう）が 150 V 以下の場合	0.1 MΩ 以上
	その他の場合	0.2 MΩ 以上
300 V を超えるもの		0.4 MΩ 以上

したがって，各配電線路の絶縁抵抗値の最小値は次のとおりです．

低圧配電方式	使用電圧	対地電圧	絶縁抵抗値の最小値
単相 2 線 100 V	100 V	100 V	0.1 MΩ
単相 3 線 100/200 V	100 V/200 V	100 V	0.1 MΩ
三相 3 線 200 V	200 V	200 V	0.2 MΩ
三相 3 線 400 V	400 V	200 V	0.4 MΩ

3 漏えい電流による低圧電路の絶縁性能

低圧の電路の絶縁性能は，前項のとおり使用電圧の区分に応じ，絶縁抵抗値が規定の値以上でなければならないと定められていますが，絶縁抵抗測定が困難な場合においては，当該電路の使用電圧が加わった状態におけ

173

る漏えい電流が1mA以下とする旨，電気設備の技術基準の解釈第14条に次のように規定されています．

【低圧電路の絶縁性能】（省令第5条第2項，第58条）

第14条　電気使用場所における使用電圧が低圧の電路（第13条各号に掲げる部分，第16条に規定するもの，第189条に規定する遊戯用電車内の電路及びこれに電気を供給するための接触電線，直流電車線並びに鋼索鉄道の電車線を除く．）は，第147条から第149条までの規定により施設する開閉器又は過電流遮断器で区切ることのできる電路ごとに，次の各号のいずれかに適合する絶縁性能を有すること．

一　省令第58条によること．

二　絶縁抵抗測定が困難な場合においては，当該電路の使用電圧が加わった状態における漏えい電流が，1mA以下であること．

　絶縁抵抗測定は電路を停電しないと測定できませんが，停電することが困難な場合には，停電させなくても使用電圧が加わった状態で測定できる漏えい電流を測定し，1mA以下であれば，規定の低圧電路の絶縁性能を有していると判断することができます．

02 絶縁耐力試験

絶縁耐力試験とは，電路に最高使用電圧の数倍の規定の高電圧を規定の時間以上加えて，異常電圧に耐えることができるか確認する試験です．絶縁抵抗測定が低圧では定格電圧程度，高圧では定格電圧以下の電圧を加えて漏えい電流を計ることにより絶縁抵抗を測定するのに対し，絶縁耐力試験は最高使用電圧よりもさらに数倍高い電圧を加えて絶縁破壊などの異常を生じないか確認する試験です．また，絶縁抵抗試験が電路に対して定期的に実施するのに対し，絶縁耐力試験は電路の新設時に実施します．

絶縁耐力試験は，絶縁耐力試験装置にて規定の試験電圧である高電圧を発生させ，その高電圧を被測定電路に規定の時間以上連続して加え，電路が絶縁破壊することなく耐えることを確認する試験です．絶縁耐力試験は耐圧試験ともいいます．

高圧電路の絶縁耐力試験に関する主な事項は次のとおりです．

1 高圧電路の絶縁耐力試験の試験電圧

高圧電路に対する絶縁耐力試験の試験電圧は，交流電圧を加える場合と直流電圧で加える場合では異なり，次のとおりです．

・**交流電圧の場合**：最大使用電圧の **1.5 倍**
・**直流電圧の場合**：交流の試験電圧の **2 倍**

最大使用電圧とは，通常の運転状態でその回路に加わる線間電圧の最大値のことで，公称電圧から次式で求められます．

$$最大使用電圧 = 公称電圧 \times \frac{1.15}{1.1} \ [V]$$

したがって，公称電圧 6 600 V の電路における絶縁耐力試験の試験電圧は次のとおりです．

① 交流の場合

$$交流の試験電圧 = 6\,600 \times \frac{1.15}{1.1} \times 1.5 = 6\,900 \times 1.5 = 10\,350 \ V$$

② 直流の場合

$$直流の試験電圧 = 6\,600 \times \frac{1.15}{1.1} \times 1.5 \times 2 = 6\,900 \times 1.5 \times 2$$

$$= 10\,350 \times 2 = 20\,700 \text{ V}$$

2 高圧電路の絶縁耐力試験の試験時間

高圧電路の絶縁耐力試験の試験時間は，交流の場合も直流の場合も，連続して **10 分間以上**です．したがって，停電などで 10 分に満たないうちに中断してしまった場合は，再度やり直して改めて 10 分間以上連続して規定の電圧を加えて試験を実施する必要があります．

3 留意事項

高圧電路の絶縁耐力試験に関する主な留意事項は次のとおりです．

① **ケーブルが長く静電容量が大きく，静電容量に流れる充電電流のため試験用電源が過大になる場合には，リアクトルを使用して試験用電源の容量を軽減する．**

② **絶縁耐力試験の前後には，1 000 V 以上の絶縁抵抗計による絶縁抵抗測定と安全確認が必要である．**

03 絶縁油の劣化診断

　絶縁油の劣化診断とは，油入変圧器の巻線の絶縁に用いられている絶縁用の油が経年等により絶縁性能が劣化していないか診断することをいいます．絶縁油の劣化診断では，次の試験が実施されます．

・外観試験（にごり・ごみ）

・全酸化試験（酸化度測定）

・水分試験

・絶縁破壊電圧試験

　上記試験を実施して異常がある絶縁油は，絶縁破壊等の電気事故を起こすおそれがあるので，交換する必要があります．

①　外観試験

　油入変圧器を停電させて，変圧器内の絶縁油を採取し，絶縁油の外観を目視観察する試験です．外観試験では，絶縁油の変色，にごり，ごみ等の異常がないか確認します．

②　全酸化度試験（酸化度測定）

　全酸化度試験とは，停電させて採取した油入変圧器の絶縁油の酸化度を測定する試験です．絶縁油は空気中の酸素と反応して酸化すると絶縁性能が低下するので，酸化度を測定して規定の値の範囲内にあるか否か確認します．

③　水分試験

　水分試験とは，停電させて採取した油入変圧器の絶縁油に混入した水分の割合を測定する試験です．絶縁油に空気中の水分が混入すると絶縁性能が低下するので，水分の割合を測定して規定の値の範囲内にあるか否か確認します．

④　絶縁破壊電圧試験

　絶縁破壊電圧試験とは，停電させて採取した油入変圧器の絶縁油に高電圧を加えて絶縁破壊させ，そのときの電圧を測定する試験です．絶縁破壊電圧が規定値以上あるか確認し，絶縁油の絶縁性能を診断します．

　試験方法は，停電させて採取した絶縁油に絶縁破壊試験装置のオイルカップに入れ，カップ内の電極間に高電圧を加えて，絶縁破壊したときの

電圧を測定，記録します．前述した高圧電路の絶縁耐力試験が規定の電圧に耐えられるかの試験に対して，絶縁破壊電圧試験はサンプルの絶縁油を絶縁破壊させて，そのときの電圧を記録する破壊試験になります．

オイルカップ ——

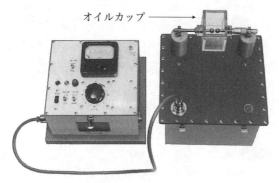

絶縁油耐電圧試験装置

04 接地抵抗試験

　接地とは，電路や電路以外の機器の外箱を大地と導体で接続することをいいます．電路への接地は異常電圧の抑制，電路以外の機器の外箱の接地は漏電による感電防止を主目的に施されます．また，漏電遮断動作を確実にするという目的もあります．接地は，大地との間の抵抗値，すなわち接地抵抗値をできるだけ低くしたほうが，接地する目的を達成できます．電路や電路以外の機器の外箱に施される接地が，**規定よりも低い接地抵抗値であるかを確認**するために，接地抵抗を測定する試験である接地抵抗試験が行われます．

1 接地抵抗計

　接地抵抗試験は，次に示す接地抵抗計を用いて接地抵抗を測定して行います．

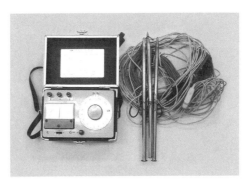

接地抵抗計

2 接地抵抗の測定方法

　接地抵抗の測定は，測定したい接地の埋設極（接地極という）に対して，接地抵抗計と2本の補助接地極を用いて次のように行います．

① 測定対象の接地極と接地抵抗計のE端子を接続する．

② 補助接地極2本を接地極から 10 m の等間隔にできるだけ直線状になるように地面に打ち込む．

③ 接地極に近い方の補助接地極に接地抵抗計のP端子を接続する．

④ 接地極に遠い方の補助接地極に接地抵抗計のC端子を接続する．

⑤ ボタンを押すなどして測定を開始し，指針を読み取る．

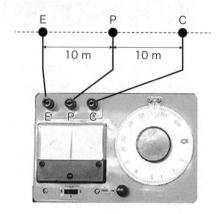

05 受電設備の完成時自主検査

受電設備の完成時自主検査とは，受電設備の竣工検査ともいい，受電設備の新設工事や更新工事の竣工（工事が完成すること）時に，**受電設備の電路や機器が正常であること**を確認するために，設置者自身が実施する検査です．6 600 V 受電設備の完成時自主検査では，主に**絶縁耐力試験，接地抵抗試験，地絡継電器の動作試験**等が実施されます．なお，変圧器に負荷をかけて温度上昇値を測定する**変圧器の温度上昇試験**は，一般に製造工場等において製造段階で実施するものであり，受電設備の**完成時自主検査では実施しません**．

1 絶縁耐力試験

絶縁耐力試験とは，絶縁耐力試験装置を用いて，**高圧電路に絶縁耐力試験を実施**し，規定の絶縁性能が確保されているか確認する試験です．

2 高圧機器の接地抵抗試験

接地抵抗試験とは，接地抵抗計を用いて，変圧器等の高圧機器の外箱等の**接地抵抗値を測定**し，規定の接地性能が確保されているか確認する試験です．

3 継電器の動作試験

継電器の動作試験とは，電流計・サイクルカウンタ・可変抵抗器を用いて，過電流継電器や地絡継電器に試験電流を流して動作させ，動作したときの電流や時間を測定して，**動作電流・動作時間が規定の範囲内にあるか**確認する試験です．

① 試験装置

継電器の動作試験には，電流計・サイクルカウンタ・可変抵抗器が用いられます．サイクルカウンタとは周波数を積算して時間を計測する測定器，可変抵抗器とは抵抗値を調整することのできる抵抗器です．また，近年，電流計・サイクルカウンタ・可変抵抗器が一体となった**継電器試験装置**が，継電器の動作試験に多用されています．

継電器試験装置

② 継電器の保護協調

　継電器の保護協調とは，変電所と需要家の継電器の動作電流と動作時間の動作特性の関係が，協調がとれていることをいいます．例えば，需要家構内の過電流事故に対して，需要家の受電設備の過電流継電器が動作する前に，送配電事業者の変電所の過電流継電器が動作すると，付近のほかの需要家も停電する波及事故になります．したがって，需要家構内の過電流事故に対して，**送配電事業者の変電所の過電流継電器が動作する前に，需要家の変電設備の過電流継電器が動作する必要があります**．このように関連する継電器間の動作特性に協調をもたせることを**保護協調**といいます．

　保護協調は，横軸に継電器の動作電流を，縦軸に動作時間をとったグラフ上に関連する継電器の**動作特性曲線**を描き，動作特性曲線を比較することで確認します．

　図のように，①送配電事業者の変電所の過電流継電器の動作特性曲線よりも，②需要家の受電設備の過電流継電器の動作特性曲線のほうが**下側に**描かれていれば，いずれの電流領域でも①よりも②のほうが**短い動作時間**で動作するので，①よりも②のほうが**速く動作し，波及事故を防止する**ことができます．

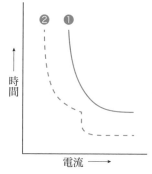

❶送配電事業者の変電所の過電流継電器の動作特性曲線
❷需要家の受電設備の過電流継電器の動作特性曲線

③　シーケンス試験（制御回路試験）

　シーケンスとは，あらかじめ決められた順序で処理を行うことをいいます．シーケンス試験とは，制御回路試験ともいい，**制御があらかじめ決められた順序で処理を行うかどうか確認**するために行う試験をいいます．高圧受電設備のシーケンス試験において実施される主な試験内容は，次のとおりです．

・**保護継電器**が動作したときに**遮断器**が確実に動作するか試験する．
・**警報および表示装置**が正常に動作することを試験する．
・**インタロック**や**遠隔操作**の回路がある場合は，回路の構成および動作状況を試験する．

　インタロックとは，遮断器が投入されている状態では同系統の断路器を開閉できないようにする等，**ある条件下において動作を制限する機構**をいいます．

06 電気工作物の検査・調査

電気工作物のうち自家用電気工作物は，保安規程に定められた内容の定期自主検査が，一般用電気工作物については電線路維持運用者による調査が実施されます．

1 自家用電気工作物の定期自主検査

6 600 V 受電設備の定期自主検査では，主に**絶縁抵抗試験，接地抵抗試験，地絡継電器の動作試験等が実施**されます．自家用電気工作物の定期自主検査のうち，**1 年に 1 回実施されるものを年次点検**といいます．

① 短絡接地器具

高圧受電設備の年次点検において，電路を開放して**停電**して作業を行う場合は，**感電防止**の観点から作業箇所に**短絡接地器具**を取り付けて安全を確保する必要があります．短絡接地器具については，**労働安全衛生規則**に次のように規定されています．

（停電作業を行う場合の措置）

第 339 条　事業者は，電路を開路して，当該電路又はその支持物の敷設，点検，修理，塗装等の電気工事の作業を行うときは，当該電路を開路した後に，当該電路について，次に定める措置を講じなければならない．当該電路に近接する電路若しくはその支持物の敷設，点検，修理，塗装等の電気工事の作業又は当該電路に近接する工作物（電路の支持物を除く．以下この章において同じ．）の建設，解体，点検，修理，塗装等の作業を行う場合も同様とする．

三　開路した電路が高圧又は特別高圧であったものについては，検電器具により停電を確認し，かつ，誤通電，他の電路との混触又は他の電路からの誘導による感電の危険を防止するため，短絡接地器具を用いて確実に短絡接地すること．

短絡接地器具について労働安全衛生規則の規定をまとめると「停電作業を行う場合の措置として，事業者は電路を開路して点検等の作業を行うときは，開路した電路が高圧，特別高圧のものについては，**検電器具**により

停電を確認し，かつ，誤通電，混触，誘導による感電を防止するため，短絡接地器具を用いて確実に短絡接地すること．」と規定されています．

　短絡接地器具とは，停電させた電路の電源側に最も近い部分に取り付け，停電作業中に誤って電源側の電路と接続されても，人が感電しないようにするための安全用具です．

短絡接地器具

接地側金具の取付け

電路側金具の取付け

② 短絡接地器具の作業方法

　短絡接地器具の作業方法は次のとおりです．

・取付けに先立ち，短絡接地器具の取付け箇所の無充電を検電器で確認します．

・取付け時には，まず接地側金具を接地側に接続し，次に電路側金具を電路側に接続します．

・取付け中は，「短絡接地中」の標識をして注意喚起を図ります．

・取外し時には，まず電路側金具を外し，次に接地側金具を外します．

　接地側金具が接地側に接続されていない状態で電路側金具を取り付けたり取り外したりすると，万一，電源が投入された場合に感電のおそれがあ

ります．したがって，短絡接地器具の取り付け時，取り外し時の手順は，前述の作業方法の順序で実施する必要があります．

2　一般用電気工作物の調査

　一般用電気工作物の調査については，電気事業法第 57 条，第 57 条の 2 および同法施行規則第 96 条第 2 項に次のように規定されています．

電気事業法
（調査の義務）
第 57 条　一般用電気工作物と直接に電気的に接続する電線路を維持し，及び運用する者（以下この条，次条及び第 89 条において「電線路維持運用者」という．）は，経済産業省令で定める場合を除き，経済産業省令で定めるところにより，その一般用電気工作物が前条第 1 項の経済産業省令で定める技術基準に適合しているかどうかを調査しなければならない．ただし，その一般用電気工作物の設置の場所に立ち入ることにつき，その所有者又は占有者の承諾を得ることができないときは，この限りでない．

（調査業務の委託）
第 57 条の 2　電線路維持運用者は，経済産業大臣の登録を受けた者（以下「登録調査機関」という．）に，その電線路維持運用者が維持し，及び運用する電線路と直接に電気的に接続する一般用電気工作物について，その一般用電気工作物が第 56 条第 1 項の経済産業省令で定める技術基準に適合しているかどうかを調査すること並びにその調査の結果その一般用電気工作物がその技術基準に適合していないときは，その技術基準に適合するようにするためとるべき措置及びその措置をとらなかった場合に生ずべき結果をその所有者又は占有者に通知すること（以下「調査業務」という．）を委託することができる．

電気事業法施行規則
（一般用電気工作物の調査）
第 96 条　法第 57 条第 1 項の経済産業省令で定める場合は，次のとお

りとする．

2　法第57条第1項の規定による調査は，次の各号により行うものとする．

一　調査は，一般用電気工作物が設置された時及び変更の工事（ロに掲げる一般用電気工作物にあっては，受電電力の容量の変更を伴う変更の工事に限る．）が完成した時に行うほか，次に掲げる頻度で行うこと．ただし，災害その他やむを得ない事由により当該頻度で行うことができなかった場合には，当該災害その他やむを得ない事情がやんだ後速やかに調査を行うものとする．

イ　ロに掲げる一般用電気工作物以外の一般用電気工作物にあっては，4年に1回以上

一般用電気工作物の調査についてまとめると次のとおりです．

・**電線路維持運用者**は，一般用電気工作物が**技術基準に適合**しているかどうかを調査しなければなりません．

・電線路維持運用者は，**登録調査機関に調査業務を委託**することができます．

・調査は，一般用電気工作物が**設置されたとき**，**変更の工事完成したとき**および **4 年に 1 回以上**行う必要があります．

◎過去問で実力チェック！

Q-1

高圧受電設備の絶縁耐力試験に関する記述として，不適切なものは．

イ．交流絶縁耐力試験は，最大使用電圧の 1.5 倍の電圧を連続して 10 分間加え，これに耐える必要がある．

ロ．ケーブルの絶縁耐力試験を直流で行う場合の試験電圧は，交流の 1.5 倍である．

ハ．ケーブルが長く静電容量が大きいため，リアクトルを使用して試験用電源の容量を軽減した．

ニ．絶縁耐力試験の前後には，1 000 V 以上の絶縁抵抗計による絶縁抵抗測定と安全確認が必要である．

解説　ケーブルの絶縁耐力試験を直流で行う場合の試験電圧は，交流の 2 倍です．

答え　ロ

Q-2

受電設備の維持管理に必要な定期点検のうち，年次点検で通常行わないものは．

イ．絶縁耐力試験　　　ロ．保護継電器試験

ハ．接地抵抗の測定　　ニ．絶縁抵抗の測定

解説　受変電設備の定期点検のうち年次点検で通常行わないものは，**イ**の**絶縁耐力試験**です．

答え　イ

Q-3

変圧器の絶縁油の劣化診断に直接関係のないものは．

イ．絶縁破壊電圧試験　　ロ．水分試験

ハ．真空度測定　　　　　ニ．全酸価試験

解説　真空度測定は**真空遮断器の真空バルブに対する試験**で，変圧器の絶縁油の劣化診断には直接関係しません．

Q-4

「電気事業法」において，電線路維持運用者が行う一般用電気工作物の調査に関する記述として，不適切なものは．

イ．一般用電気工作物の調査が4年に1回以上行われている．

ロ．登録点検業務受託法人が点検業務を受託している一般用電気工作物についても調査する必要がある．

ハ．電線路維持運用者は，調査業務を登録調査機関に委託することができる．

ニ．一般用電気工作物が設置された時に調査が行われなかった．

解説　電気事業法における電線路維持運用者による一般用電気工作物の調査は，**一般用電気工作物が設置されたときに竣工調査を実施する必要があ**ります．

答え　ニ

Q-5

高圧ケーブルの絶縁抵抗の測定を行うとき，絶縁抵抗計の保護端子（ガード端子）を使用する目的として，正しいものは．

イ．絶縁物の表面を流れる漏れ電流も含めて測定するため．

ロ．高圧ケーブルの残留電荷を放電するため．

ハ．絶縁物の表面を流れる漏れ電流による誤差を防ぐため．

ニ．指針の振切れによる焼損を防ぐため．

解説　絶縁抵抗計の保護端子（ガード端子）を使用する目的は，**ハの絶縁物の表面を流れる漏れ電流による誤差を防ぐためです**．

答え　ハ

Q-6

受電電圧6 600 Vの受電設備が完成したときの自主検査で，一般に行わないものは．

イ．高圧電路の絶縁耐力試験

ロ．高圧機器の接地抵抗測定

ハ．変圧器の温度上昇試験

ニ．地絡継電器の動作試験

解説　受電電圧 6 600 V の受電設備が完成したときの自主検査で一般に行わないものは，**ハの変圧器の温度上昇試験**です．変圧器の温度上昇試験は，一般に変圧器の製造工場での工場検査で実施します．

答え　ハ

Q-7

CB 形高圧受電設備と配電用変電所の過電流継電器との保護協調がとれているものは．

ただし，図中①の曲線は配電用変電所の過電流継電器動作特性を示し，②の曲線は高圧受電設備の過電流継電器と CB の連動遮断特性を示す．

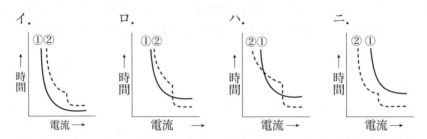

解説　CB 形高圧受電設備と配電用変電所の過電流継電器との保護協調がとれているものは，**どの電流領域においても①よりも②の動作時間が短い，ニ**です．

答え　ニ

Q-8

高圧受電設備の年次点検において，電路を開放して作業を行う場合は，感電事故防止の観点から，作業箇所に短絡接地器具を取り付けて安全を確保するが，この場合の作業方法として，誤っているものは．

イ．取付けに先立ち，短絡接地器具の取付け箇所の無充電を検電器で確認する．

ロ．取付け時には，まず電路側金具を電路側に接続し，次に接地側金具を接地線に接続する．

ハ．取付け中は，「短絡接地中」の標識をして注意喚起を図る．

ニ．取外し時には，まず電路側金具を外し，次に接地側金具を外す．

解説 短絡接地器具の**取付け時**には，接地側金具を**接地線に接続**し，次に電路側金具を**電路側に接続**します．

答え　ロ

Q-9

「電気設備の技術基準の解釈」において，停電が困難なため低圧屋内配線の絶縁性能を，使用電圧が加わった状態における漏えい電流を測定して判定する場合，使用電圧が 200 V の電路の漏えい電流の上限値［mA］として，適切なものは．

イ．0.1　　ロ．0.2　　ハ．0.4　　ニ．1.0

解説 電気設備の技術基準の解釈第 14 条「低圧電路の絶縁性能」において，「絶縁抵抗測定が困難な場合においては，当該電路の使用電圧が加わった状態における漏えい電流が，**1 mA 以下**であること．」と規定されています．

答え　ニ

Q-10

高圧受電設備におけるシーケンス試験（制御回路試験）として，行わないものは．

イ．保護継電器が動作したときに遮断器が確実に動作することを試験する．

ロ．警報および表示装置が正常に動作することを試験する．

ハ．試験中の制御回路各部の温度上昇を試験する．

ニ．インタロックや遠隔操作の回路がある場合は，回路の構成および動作状況を試験する．

解説 高圧受電設備におけるシーケンス試験（制御回路試験）として行わないものは，**ハの試験中の制御回路各部の温度上昇試験**です．シーケンス試験では，一般に**イ，ロ，ニ**のような動作試験を実施します．

答え　ハ

第 **9** 章

電気工事の施工方法

01 配線工事

● 高圧屋内配線工事

　高圧屋内配線工事は，**がいし引き工事**または**ケーブル工事**にて施工する必要があります．したがって，高圧ケーブルを金属管や金属ダクトに収めて施工することは可能ですが，**高圧絶縁電線による金属管工事や金属ダクト工事は施工することができません**．

● 低圧屋内配線工事

1　低圧屋内配線の施設場所による工事の種類

　低圧屋内配線の施工場所による工事の種類は次の表のとおりです．表中の各施設場所の区分において，各工事の種類の◯の部分は工事の種類が使用できること，◯のない部分は工事の種類が使用できないことを示しています．

施設場所の区分		使用電圧の区分	がいし引き工事	合成樹脂管工事	金属管工事	金属可とう電線管工事	金属線ぴ工事	金属ダクト工事	バスダクト工事	ケーブル工事	フロアダクト工事	セルラダクト工事	ライティングダクト工事	平形保護層工事
展開した場所	乾燥した場所	300 V 以下	○	○	○	○	○	○	○	○			○	
		300 V 超過	○	○	○	○		○	○	○				
	湿気の多い場所または水気のある場所	300 V 以下	○	○	○	○				○				
		300 V 超過	○	○	○	○				○				
点検できる隠ぺい場所	乾燥した場所	300 V 以下	○	○	○	○	○	○	○	○		○	○	○
		300 V 超過	○	○	○	○		○	○	○				
	湿気の多い場所または水気のある場所	—		○	○	○				○				
点検できない隠ぺい場所	乾燥した場所	300 V 以下		○	○	○				○	○	○		
		300 V 超過		○	○	○				○		○		
	湿気の多い場所または水気のある場所	—		○	○	○				○				

（備考）○は，使用できることを示す．

※ただし，金属可とう電線管には，一種金属製可とう電線管（帯鉄板をらせん状に巻いて製作した可とう性のある電線管）と二種金属製可とう電線管（テープ状の金属片とファイバを組み合わせ，これを緊密，かつ耐水性及び可とう性をもたせて製作した電線管）があります．二種金属製可とう電線管は全ての場所で使用できますが，一種金属製可とう電線管は300 V以下の「展開した乾燥した場所」，「点検できる隠ぺい場所で感想した場所」で使用でき，300 V超過では，上記の場所で電動機に接続する短小な部分で，可とう性を必要とする部分の配線に限り使用できます．

電気設備の技術基準の解釈156条

工事の種類のうち**合成樹脂管工事，金属管工事，金属可とう電線管工事，ケーブル工事**の4つは，すべての施設場所の区分に○があり，すべての施設場所の区分において使用できることを示しています．すなわち，電線管による工事とケーブル工事は，表中のすべての施設場所において使用が可能です．

2 絶縁電線の接続

絶縁電線の接続は次のように実施する必要があります．

① 電線の電気抵抗を増加させない

② 電線の引張強さを 20 ％以上減少させない

③ 接続管等を使用する

④ 接続点を絶縁電線の絶縁物と同等以上の絶縁効力のあるもので十分に被覆する

3 低圧屋内配線工事

低圧屋内配線工事には，金属管工事，合成樹脂管工事，ケーブル工事などがあり，それぞれ本試験でよく問われる内容は次のとおりです．

① 金属管工事

金属管工事に使用する電線は，**屋外用ビニル絶縁電線（OW）を除く絶縁電線**とし，**管内に接続点を設けないように施工する**必要があります．

使用電圧が 300 V 以下の場合，**D 種接地工事**を施すこと．ただし，以下の場合は省略可能．

・管の長さが 4 m 以下で乾燥した場所に施設する場合

・使用電圧 300 V を超える場合は，**C 種接地工事**を施すこと（接触防護措置を施す場合は **D 種接地工事**とすることができる）．

② 合成樹脂管工事

合成樹脂管工事も金属管工事と同様に，使用する電線は，**屋外用ビニル絶縁電線（OW）を除く絶縁電線**とし，**管内に接続点を設けないように施工する**必要があります．

③ ケーブル工事

ケーブル工事ではケーブル支持点間の距離やキャブタイヤケーブルに関する事項がよく出題されます．

・低圧ケーブルの支持点間の距離は，造営材の下面，側面に施工する場合は **2 m 以下**，接触防護措置を施した場所に垂直に施工する場合は **6 m 以下**とする必要があります．

・キャブタイヤケーブルは，**300 V 以下で展開した場所または点検できる隠ぺい場所に施設することができます．点検できない隠ぺい場所には施設することはできません．**

④ 金属線ぴ工事

金属線ぴとは金属製のといをいいます．金属線ぴ工事も金属管工事等と同様に，使用する電線は，**屋外用ビニル絶縁電線（OW）を除く絶縁電線**とする必要があります．また，原則として **D 種接地工事**を施す必要があり

ますが，長さ 4 m 以下のものは省略することが可能です．

⑤ **バスダクト**

　バスダクトとは金属製のダクトに導体を収納した低圧幹線に使用される電気設備です．バスダクトは接地工事に関することがよく問われ，概要は次のとおりです．

・使用電圧 300 V 以下のものには D 種接地工事を施す必要があります．D種接地工事は省略することはできません．

・使用電圧 300 V を超えるものには C 種接地工事を施す必要があります．ただし，**接触防護措置**を施した場合は D 種接地工事にすることが可能です．

・支持点間の距離は 3 m（取扱者以外の者が出入りできないように措置した場合において，**垂直**に取り付ける場合は 6 m）以下とする必要があります．

⑥ **ライティングダクト工事**

　ライティングダクトとは，金属製のダクトに導体を収納し，ダクトの任意の箇所に照明器具を取り付けることができるようにした照明用のダクトです．よく問われるライティングダクトに関する事項は次のとおりです．

・ダクトの開口部は，**下に向けて**施設する必要があります．一定の条件を満たせば，**横に向けて**施設することができますが，**上向きに施設することはできません．**

・電路に漏電遮断器を施設する必要があります．ただし，**簡易接触防護措置**を施した場合は漏電遮断器の施設を**省略**することが可能です．

⑤ **可燃性ガスの存在する場所での施設**

　可燃性ガスの存在する場所での電気設備の施設は次のとおりです．

・スイッチ，コンセント等の配線器具は電気機械器具**防爆構造規格**に適合する**耐圧防爆構造**のものを使用する必要があります．

・配線工事は，**ケーブル工事**または**金属管工事（薄鋼電線管以上）**にて施工する必要があります．したがって，薄鋼電線管以上に肉厚が大きい**厚鋼電線管**による金属管工事にて施工することが可能です．

・金属管工事の附属品には 5 のものを使用する必要があります．

・金属管工事により施工し，電動機の端子箱と可とう性を必要とする接続部分には耐圧防爆形の**フレキシブルフィッチング**を使用する必要があります．

⑥ フリーアクセスフロア内の施工

フリーアクセスフロアとは，配線のための**二重構造の床**をいいます．フリーアクセスフロア内の施工に関する事項は次のとおりです．

・フロア内のケーブル配線にはビニル外装ケーブル，ポリエチレン外装ケーブル，キャブタイヤケーブル等の電線を使用します．**ケーブルはビニル外装ケーブルに限定されていません．**

・移動電線を引き出すフロアの**貫通部分**は，移動電線を**損傷**しないよう適切な処置を施します．

・フロア内では，電源ケーブルと弱電流電線が接触しないよう**セパレータ**等による**接触防止措置**を施します．

・**分電盤**は原則として**フロア内に施設しないように**します．

● 地中電線路

地中電線路は，電線に**ケーブル**を使用し，かつ，**管路式，暗きょ式**または**直接埋設式**により施設する必要があります．地中電線路に絶縁電線を使用することはできません．

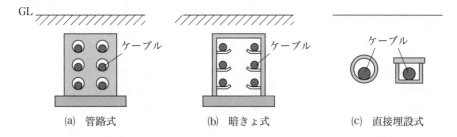

(a) 管路式   (b) 暗きょ式   (c) 直接埋設式

(a) 管路式

管は，これに加わる車両その他の重量物の圧力に耐えるものであること，高圧または特別高圧の地中電線路には **15 m 以下**のものを除き，次により**表示**を施します．

・**物件の名称，管理者名，電圧**（需要場所に施設する場合は，物件の名称及び管理者名を除く）を**表示**すること

・他人が立ち入らない場所または当該電線路の一が十分に認知できる場合を除き，おおむね **2 m** 間隔で**表示**すること

(b)　暗きょ式

・暗きょは，車両その他の**重量物の圧力に耐える**ものであること

・地中電線に**耐熱措置**を施すか，暗きょ内に**自動消火設備**を施設すること

(c)　直接埋設式

・地中電線路の埋設深さは，車両その他の重量物の圧力を受けるおそれがある場所において **1.2 m 以上**，その他の場所において **0.6 m 以上**であること

・地中電線を堅ろうな**トラフ**その他の**防護物**に収めること

02 接地工事

　接地工事の種類には，A種，B種，C種，D種接地工事があり，それぞれ，接地抵抗値，接地線の太さ，接地対象などが規定されています．

1　A種接地工事

① **接地抵抗値：10 Ω 以下**

② **接地線の太さ：2.6 mm 以上（避雷器は除く）**

③ **接地対象：高圧または特別高圧**

④ **接地対象の例**

　・高圧電路に施設する避雷器

　・高圧電路に施設する変圧器の外箱

　・高圧電路に施設する外箱のない変圧器の鉄心

　・高圧計器用変成器の外箱

⑤ **接地線の防護**

　接地極および接地線を人が触れるおそれがある場所に施設する場合，接地線の**地下 75 cm** から**地表上 2 m** までの部分は，電気用品安全法の適用を受ける**合成樹脂管**（厚さ **2 mm** 未満の合成樹脂製電線管および **CD 管**を除く）またはこれと同等以上の絶縁効力および強さのあるもので覆う必要があります．

　したがって，接地線の防護に金属管，CD 管を使用することはできません．

2　B種接地工事

① **接地抵抗値**

　B種接地工事の接地抵抗値は，変圧器の高圧側または特別高圧側の1線地絡電流を用いて表に示す内容で計算して求めた値以下とする必要があります（電気設備の技術基準の解釈第 17 条）．

接地工事を施す変圧器の種類	当該変圧器の高圧側または特別高圧側の電路と低圧側の電路との混触により，低圧電路の対地電圧が 150 V を超えた場合に，自動的に高圧または特別高圧の電路を遮断する装置を設ける場合の遮断時間	接地抵抗値 (Ω)
下記以外の場合		$150/I_g$
高圧または 35 000 V 以下の特別高圧の電路と低圧電路を結合するもの	1 秒を超え 2 秒以下	$300/I_g$
	1 秒以下	$600/I_g$

（備考）I_g は，当該変圧器の高圧側または特別高圧側の電路の 1 線地絡電流（単位：A）

② **接地線の太さ：2.6 mm 以上**（高圧電路と低圧電路を結合するものである場合）

③ **接地対象：高圧または特別高圧と低圧を結合する変圧器の低圧側**

④ **接地対象の例**

・6.6 kV/210 V 変圧器の低圧側の中性点

高圧と低圧を結合する変圧器の外箱や鉄心には A 種接地工事が必要ですが，高圧と低圧を結合する変圧器の低圧側の中性点には B 種接地工事が適用されます．

⑤ **接地線の防護**

A 種接地工事と同様に，接地極および接地線を人が触れるおそれがある場所に施設する場合，接地線の地下 75 cm から地表上 2 m までの部分は，電気用品安全法の適用を受ける合成樹脂管（厚さ 2 mm 未満の合成樹脂製電線管および CD 管を除く．）またはこれと同等以上の絶縁効力および強さのあるもので覆う必要があります．

したがって，接地線の防護に金属管，CD 管を使用することはできません．

3 C 種接地工事

① **接地抵抗値：10 Ω 以下**（地絡時に 0.5 秒以内に電路を自動的に遮断する装置を施設するときは 500 Ω 以下）

② **接地線の太さ：1.6 mm 以上**

③ **接地対象：300 V を超える低圧**

④ **接地対象の例**

・使用電圧 400 V の電動機の鉄台

・400 V の低圧屋内配線のケーブルを収める金属管

⑤ **C 種接地工事とみなされる場合**

　C 種接地工事を施す金属体と大地との間の電気抵抗値が 10 Ω 以下である場合は，C 種接地工事を施したものとみなすことができます．

4 D 種接地工事

① **接地抵抗値：100 Ω 以下**（地絡時に 0.5 秒以内に電路を自動的に遮断する装置を施設するときは 500 Ω 以下）

② **接地線の太さ：1.6 mm 以上**

③ **接地対象：300 V 以下**

④ **接地対象の例**

・高圧計器用変成器の 2 次側電路

　高圧計器用変成器の外箱には A 種接地工事が必要ですが，高圧計器用変成器の 2 次側電路には D 種接地工事が適用されます．

⑤ **D 種接地工事とみなされる場合**

　D 種接地工事を施す金属体と大地との間の電気抵抗値が 100 Ω 以下である場合は，D 種接地工事を施したものとみなすことができます．

5 接地極

　接地極の材質は，銅または鋼が使用されます．**アルミ**は土中に埋設すると腐食するので，接地極の材質としては**不適切です**．

① **銅板**（厚さ 0.7 mm 以上，大きさ片面 900 cm² 以上）

② **銅棒，銅溶覆鋼棒**（直径 8 mm 以上，長さ 0.9 m 以上）

③ **鉄管**（外径 25 mm 以上，長さ 0.9 m 以上）

④ **鉄棒**（直径 12 mm 以上，長さ 0.9 m 以上）

⑤ **銅覆鋼板**（厚さ 1.6 mm 以上，長さ 0.9 m 以上，面積片面 250 cm² 以上）

⑥ **炭素被覆鋼棒**（直径 8 mm 以上の鋼心，長さ 0.9 m 以上）

03 支線工事

　支線とは引込柱を支える線をいいます．引込柱の支線工事に使用する材料が出題されています．

引込柱の支線工事に使用する材料

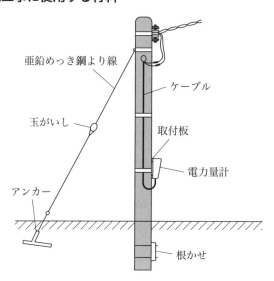

① 亜鉛めっき鋼より線

　引込柱の支線には亜鉛めっきされた鋼線をより合わせた亜鉛めっき鋼より線が使用されます．

② 玉がいし

　引込柱に接続されている亜鉛めっき鋼より線と，アンカーに接続されている亜鉛めっき鋼より線を絶縁し，**支線からの感電事故を防止**するためのがいしです．

③ アンカー

　支線を大地に固定するため大地に埋設される部材です．

◎過去問で実力チェック！

Q–1

高圧屋内配線をケーブル工事で施設する場合の記述として，誤っているものは．

イ．電線を電気配線用のパイプシャフト内に施設（垂直につり下げる場合を除く）し，8 m の間隔で支持をした．

ロ．他の弱電流電線との離隔距離を 30 cm で施設した．

ハ．低圧屋内配線との間に耐火性の堅ろうな隔壁を設けた．

ニ．ケーブルを耐火性のある堅ろうな管に収め施設した．

解説 高圧屋内配線のケーブル工事の支持点間の距離は，低圧屋内配線のケーブル工事と同様に，「電線を造営材の下面または側面に沿って取り付ける場合は，電線の支持点間の距離をケーブルにあっては **2 m**（接触防護措置を施した場所において**垂直**に取り付ける場合は，6 m）**以下**，キャブタイヤケーブルにあっては **1 m 以下**とし，かつ，その被覆を損傷しないように取り付けること．」という電気設備の技術基準の解釈（以下，「電技解釈」と省略）第 164 条の規定が適用されます．

答え　**イ**

Q–2

自家用電気工作物として施設する電路または機器について，D 種接地工事を施さなければならない箇所は．

イ．高圧電路に施設する外箱のない変圧器の鉄心

ロ．使用電圧 400 V の電動機の鉄台

ハ．高圧計器用変成器の二次側電路

ニ．6.6 kV/210 V 変圧器の低圧側の中性点

解説 選択肢のうち D 種接地工事を施さなければならない箇所は，**ハ**の高圧計器用変成器の二次側電路です．**イ**は **A** 種，**ロ**は **C** 種，**ニ**は **B** 種接地工事を施さなければなりません．

答え　**ハ**

Q-3

点検できる隠ぺい場所で，湿気の多い場所または水気のある場所に施す使用電圧 300 V 以下の低圧屋内配線工事で，施設することができない工事の種類は．

イ．金属管工事

ロ．金属線ぴ工事

ハ．ケーブル工事

ニ．合成樹脂管工事

解説 **金属線ぴ工事**は，点検できる隠ぺい場所で湿気の多い場所または水気のある場所に施す使用電圧 300 V 以下の低圧屋内配線工事に施設することができません．

答え　ロ

Q-4

平形保護層工事の記述として，誤っているものは．

イ．旅館やホテルの宿泊室には施設できない．

ロ．壁などの造営材を貫通させて施設する場合は，適切な防火区画処理等の処理を施さなければならない．

ハ．対地電圧 150 V 以下の電路でなければならない．

ニ．定格電流 20 A の過負荷保護付漏電遮断器に接続して施設できる．

解説　平形保護層工事については，電技解釈第 165 条に「造営物の床面又は壁面に施設し，**造営材を貫通しないこと**．」と規定されています．造営材を貫通して施設してはなりません．

答え　ロ

Q-5

合成樹脂管工事に使用する材料と管との施設に関する記述として，誤っているものは．

イ．PF 管を直接コンクリートに埋め込んで施設した．

ロ．CD 管を直接コンクリートに埋め込んで施設した．

ハ．PF 管を点検できない二重天井内に施設した．

ニ．CD 管を点検できる二重天井内に施設した．

解説　合成樹脂可とう電線管である CD 管については，電技解釈第 158 条

に次のように規定されています.

CD管は,次のいずれかにより施設すること.

・直接コンクリートに埋め込んで施設すること.

・専用の不燃性または自消性のある難燃性の管またはダクトに収めて施設
　すること.

したがってニの「CD管を点検できる二重天井内に施設した.」という記述
は不適切です.

答え　ニ

Q-6

B種接地工事の接地抵抗値を求めるのに必要とするものは.

イ．変圧器の高圧側電路の1線地絡電流［A］

ロ．変圧器の容量［kV・A］

ハ．変圧器の高圧側ヒューズの定格電流［A］

ニ．変圧器の低圧側電路の長さ［m］

解説　B種接地工事の接地抵抗値を求めるのに必要なものは,**イの変圧器
の高圧側電路の1線地絡電流の値［A］**です.

答え　イ

Q-7

引込柱の支線工事に使用する材料の組合せと
して,正しいものは.

イ．亜鉛めっき鋼より線,玉がいし,アンカ

ロ．耐張クランプ,巻付グリップ,スリーブ

ハ．耐張クランプ,玉がいし,亜鉛めっき鋼
　　より線

ニ．巻付グリップ,スリーブ,アンカ

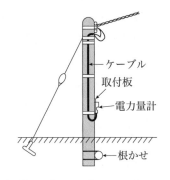

・ケーブル
取付板
・電力量計
・根かせ

解説　引込柱の支線工事に使用する材料の組
み合わせは,**亜鉛めっき鋼より線,玉がいし,巻付けグリップ,アンカ**で
す.耐張クランプとスリーブは該当しません.

答え　イ

Q-8

高圧屋内配線を，乾燥した場所であって展開した場所に施設する場合の記述として，不適切なものは．

イ．高圧ケーブルを金属管に収めて施設した．

ロ．高圧ケーブルを金属ダクトに収めて施設した．

ハ．接触防護措置を施した高圧絶縁電線をがいし引き工事により施設した．

ニ．高圧絶縁電線を金属管に収めて施設した．

解説　電技解釈第168条により，高圧屋内配線の施設に適用できる工事は，**がいし引き工事**と**ケーブル工事**のみです．したがって，**イ**や**ロ**のように高圧ケーブルを管やダクトに収めて施設することは適当ですが，**ニ**のように高圧絶縁電線を管に収めて施設することは不適切です．

答え　ニ

Q-9

ライティングダクト工事の記述として，不適切なものは．

イ．ライティングダクトを1.5 mの支持間隔で造営材に堅ろうに取り付けた．

ロ．ライティングダクトの終端部を閉そくするために，エンドキャップを取り付けた．

ハ．ライティングダクトにD種接地工事を施した．

ニ．接触防護措置を施したので，ライティングダクトの開口部を上向きに取り付けた．

解説　ライティングダクトについて，電技解釈第165条に次のように規定されています．

「ダクトの開口部は，下に向けて施設すること．ただし，次のいずれかに該当する場合は，横に向けて施設することができる．

・簡易接触防護措置を施し，かつ，ダクトの内部にじんあいが侵入し難いように施設する場合

・日本産業規格　JIS C 8366 (2012)「ライティングダクト」の「5　性能」，「6　構造」及び「8　材料」の固定Ⅱ形に適合するライティングダクトを使用する場合

したがって，ライティングダクトの開口部を上向きに取り付けることは不適切です．

答え　ニ

Q-10

地中電線路の施設に関する記述として，誤っているものは．

イ．長さが 15 m を超える高圧地中電線路を管路式で施設し，物件の名称，管理者名および電圧を表示した埋設表示シートを，管と地表面のほぼ中間に施設した．

ロ．地中電線路に絶縁電線を使用した．

ハ．地中電線に使用する金属製の電線接続箱に D 種接地工事を施した．

ニ．地中電線路を暗きょ式で施設する場合に，地中電線を不燃性または自消性のある難燃性の管に収めて施設した．

解説　電技解釈第 120 条に「地中電線路は，電線に**ケーブル**を使用し，かつ，管路式，暗きょ式または直接埋設式により施設すること．」と規定されています．したがって，**地中電線路には，絶縁電線ではなくケーブルを使用する必要**があります．

答え　ロ

第 10 章

発電・変電・送配電・受電

01 発電設備

● 水力発電

1 水力発電所の発電用水の経路

水力発電所の発電用水の経路は，図のように**取水口→水圧管路→水車→放水口**となります．

① **取水口**：用水を取り入れる口
② **水圧管路**：取水口から水車まで用水を導く配管
③ **水車**：水の流量と落差により回転し，発電機を運転させる装置
④ **放水口**：用水を下流に放水する口

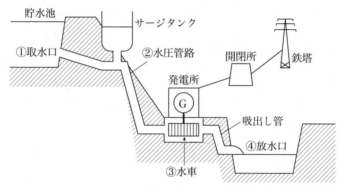

水力発電所の発電用水の経路

2 水車の種類

水力発電に主に用いられる水車には，ペルトン水車，フランシス水車，プロペラ水車などがあり，水力発電所で得ることのできる水の落差により，使用される水車が選定されます．**ペルトン水車は高落差，フランシス水車は中落差，プロペラ水車は低落差**の用途に用いられます．

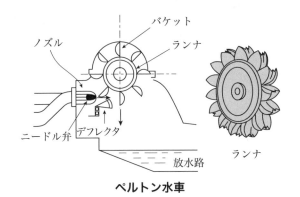

ペルトン水車

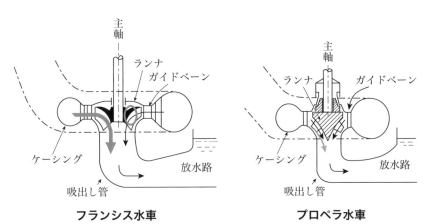

フランシス水車　　**プロペラ水車**

3　水力発電の発電機出力

　水力発電機の発電機出力は，水の流量，有効落差，総合効率を用いて次式で表されます．

　　$P = 9.8\,QH\eta$

　　P：発電機出力[kW]，η：総合効率

　したがって，**水力発電の発電機出力 P は，水の流量 Q [m³/s] と有効落差 H [m] の積 QH に比例します**．なお，有効落差とは，実際の落差から水圧管路の摩擦損失等の損失を差し引いた落差をいいます．

4　揚水式発電

　揚水式発電とは，上下2つの貯水池を利用して，**夜間の軽負荷時に揚水して貯水し，昼間の重負荷時に放水して発電する方式**です．

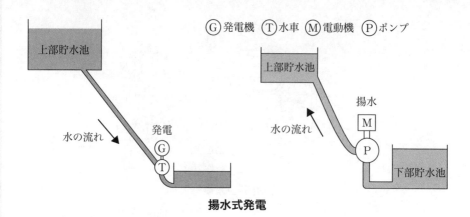

揚水式発電

Ⓖ発電機　Ⓣ水車　Ⓜ電動機　Ⓟポンプ

上部貯水池

水の流れ

発電
Ⓖ
Ⓣ

上部貯水池

揚水
Ⓜ
Ⓟ

水の流れ

下部貯水池

5　揚水ポンプの電動機の入力

　揚水式発電では，夜間の軽負荷時には，発電機を電動機として水車をポンプとして運転し，揚水します．揚水ポンプの電動機の入力は，揚水量，全揚程，電動機の効率，ポンプの効率を用いて次式で表されます．

$$P_\mathrm{m} = \frac{9.8\,QH}{\eta_\mathrm{m}\eta_\mathrm{p}}$$

P_m：電動機入力[kW]，Q：揚水量[m³/s]，H：全揚程[m]，

η_m：電動機の効率，η_p：ポンプの効率

　全揚程とは，ポンプが水を汲み上げる高さである揚程に水圧管路の摩擦損失等の損失分を加えた揚程をいいます．

●火力発電

1　火力発電所のランキンサイクル

　ランキンサイクルとは，次の図のように**給水ポンプ→ボイラ→過熱器→タービン→復水器→給水ポンプ**で構成される一連の火力発電所の熱サイクルをいいます．

① **給水ポンプ**：復水器からの水をボイラに送り込むポンプ．
② **ボイラ**：給水を加熱して**湿り蒸気**（水分を含んだ蒸気）を発生させる装置．
③ **過熱器**：ボイラからの湿り蒸気をさらに加熱し，**過熱蒸気**（水分を含まない蒸気）を発生させる装置．
④ **タービン**：過熱蒸気の提供を受けて回転し，発電機を運転する装置．

⑤　**復水器**：タービンから排気された蒸気を冷却水で冷却し，水に戻す装置．

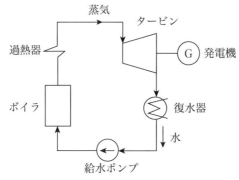

ランキンサイクル

2　火力発電所の再熱サイクルと再生サイクル

①　再熱サイクル

　再熱サイクルとは，ランキンサイクルの熱効率を向上させるために再熱器を用いて，次の図のように給水ポンプ→ボイラ→過熱器→高圧タービン→再熱器→低圧タービン→復水器→給水ポンプで構成される一連の火力発電所の熱サイクルをいいます．再熱器とは，高圧タービンの排気を再加熱して低圧タービンに送る装置をいいます．

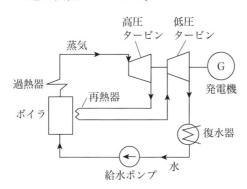

再熱サイクル

②　再生サイクル

　再生サイクルとは，ランキンサイクルの熱効率を向上させるために，次の図のようにタービンを流れる蒸気を一部抽出して，ボイラへの給水を加熱する装置をいいます．

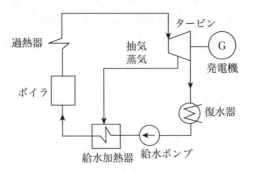

再生サイクル

3 ボイラの構成

　火力発電所のボイラは，次の図のように蒸発管，ドラム，過熱器，節炭器等で構成されています．

① **蒸発管**：燃焼ガスにより加熱し水を**蒸発**させる配管．

② **ドラム**：**水と蒸気に分離し**，蒸気だけを過熱器に送る装置．

③ **過熱器**：ドラムからの湿り蒸気をさらに加熱し，**過熱蒸気**を発生させる装置．

④ **節炭器**：**燃焼ガスの熱で**給水ポンプからの**給水を加熱**する装置．この装置により燃料である石炭が節約できるので節炭器といいます．

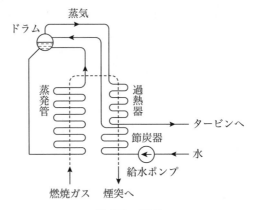

ボイラの構成

4 火力発電所の大気汚染防止対策

　火力発電所から排出される大気汚染物質には，ばいじん（煙に含まれる微粒子），窒素酸化物，硫黄酸化物等があり，これらを排出しないようにするための主な対策は次のとおりです．

① **電気集じん器**：排ガス中のばいじんの排出を抑制します．なお，二酸化炭素は抑制できません．

② **排煙脱硝装置**：排ガス中の窒素酸化物を除去します．

③ **排煙脱硫装置**：排ガス中の硫黄酸化物を除去します．

④ **液化天然ガス（LNG）の使用**：硫黄酸化物を排出しない燃料を使用します．

5　タービン発電機の特徴

火力発電所では蒸気タービンにより駆動されるタービン発電機が使用されます．タービン発電機の主な特徴は次のとおりです．

① 駆動力として蒸気圧などを使用しています．

② 水車発電機に比べて回転速度が大きいです．

③ 発電機の回転する部分である回転子が円筒形の非突極回転界磁形（円筒回転界磁形）が用いられます．

④ 回転子は一般に回転軸が水平方向の横軸形が用いられます．なお，水車発電機の回転子は回転軸が鉛直方向の縦軸形が用いられます．

■ その他の発電

1　ディーゼル発電装置

ディーゼル発電装置とは発電機の原動機にディーゼル機関を使用した発電装置で，ビルなどの非常用予備発電装置として一般に使用されています．ディーゼル発電装置の主な特徴は次のとおりです．

① ディーゼル機関の動作行程は，吸気→圧縮→爆発（燃焼）→排気です．

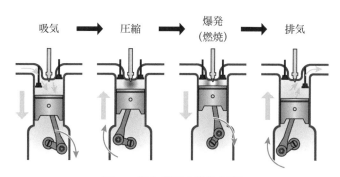

吸気　　　圧縮　　　爆発（燃焼）　　　排気

ディーゼル機関の動作行程

② ディーゼル機関は圧縮により自然着火するため，点火プラグが不要です．

③ 回転むらを滑らかにするために，はずみ車が用いられています．

④ ディーゼル機関の熱損失は，排気ガス損失が最も大きく，次いで冷却水損失，機械的損失の順です．

2 風力発電装置

風力発電とは風力により風車を回転させて発電する装置をいいます．風力発電装置の主な特徴は次のとおりです．

① 風の運動エネルギーを電気エネルギーに変換する装置です．

② 温室効果ガスを排出しません．

③ 風力発電装置は，風速等の自然条件の変化により発電出力の変動が大きいです．

④ プロペラ形風車などの回転軸が水平方向の水平軸形とダリウス形風車などの回転軸が鉛直方向の垂直軸形に大別されます．

⑤ プロペラ形風車は，風速によって翼の角度を変えるなどの風の強弱に合わせて出力を調整することができるようになっています．

3 太陽電池発電設備

太陽電池発電設備とは，太陽電池を使用した発電設備です．太陽電池は，p 形半導体と n 形半導体の接合部である pn 接合部に光が当たると電圧を生じる性質を利用し，太陽光エネルギーを電気エネルギーとして取り出す装置をいいます．太陽電池の出力は直流であり，交流機器の電源として用いる場合は，直流を交流に変換する装置であるインバータが必要です．さらに太陽電池発電設備を一般送配電事業者の系統と連系させる場合には系統連系保護装置を必要とします．

2022 年現在，太陽電池の発電能力は $1\,\text{m}^2$ 当たり $250\,\text{W}$ 程度です．したがって，太陽電池を使用して $1\,\text{kW}$ の出力を得るには，一般的に $4\,\text{m}^2$ 程度の表面積の太陽電池を必要とします．

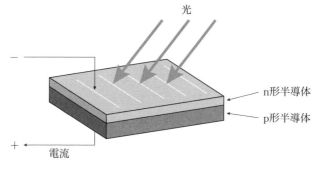

太陽電池の構造

4　燃料電池

　燃料電池とは，天然ガス等から取り出した**水素**と空気中の**酸素**を化学反応させて電気を取り出す発電装置です．燃料電池には，りん酸形や溶融炭酸塩形などの種類があります．燃料電池の主な特徴は次のとおりです．

① **発電により水が生成されます．**

② **燃料の化学反応により発電するため，騒音はほとんど発生しません．**

③ **負荷変動に対する応答性にすぐれ，制御性が良好です．**

④ **燃料電池本体から発生する出力は直流です．**

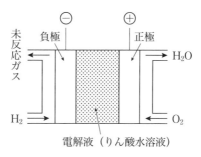

燃料電池

5　コージェネレーションシステム

　コージェネレーションシステムとは，**電気と熱を併せて供給するシステム**で，**ディーゼル発電装置等**の内燃力発電装置や**燃料電池**により発電を行う一方で，その**排熱を冷暖房や給湯等**に利用することによって総合的な熱効率を向上させるシステムです．

6　同期発電機の並行運転の条件

　水車発電機，タービン発電機，ディーゼル発電機等の交流用の発電機に

217

は同期発電機が用いられています．同期発電機は，送配電系統に接続して運転する場合には，下記の並行運転の条件を満たして同期しながら運転させる必要があります．

① **周波数が等しいこと．**

② **電圧の大きさが等しいこと．**

③ **電圧の位相が一致していること．**

したがって，発電容量が等しいことは同期発電機の並行運転に該当しません．

02 変電設備

●配電用変電所

配電用変電所とは，送電用変電所から送電線路によって送られてきた電気を降圧（高電圧を低電圧に変換）して，配電線路に送り出す変電所です．配電用変電所には，配電電圧の調整をするための負荷時タップ切換変圧器，配電線路保護用の遮断器・継電器，無効電力を調整する調相設備等が設置されています．

1 GIS式変電所

GIS式変電所とは，ガス絶縁開閉装置（GIS）を用いた方式の変電所で，遮断器や開閉器等の開閉設備類を，不活性で絶縁性能の高いSF$_6$ガスで満たした密閉容器に収めた変電所です．GIS式変電所は，開閉設備類が開放露出している開放形変電所に比べて，装置を小形化することが可能なので用地を縮小することが可能です．

2 遮断器

変電所の遮断器は，送配電線や変電所の母線，機器などの故障時に電路を自動遮断するために設置されています．変電所に用いられる遮断器の一つに空気遮断器があります．空気遮断器は，発生したアークに圧縮空気を吹き付けて消弧（発生したアークを消す）する方式の遮断器です．

●変圧器

変電所には，送られてきた電気を変圧して送り出す機器である変圧器が使用されています．変電所には需要家の受電設備に比べて大形の変圧器が使用されています．

1 変圧器の保護

変電所の比較的大形の変圧器には，内部故障を電気的に検出する保護継電器として比率差動継電器が用いられています．比率差動継電器とは，変圧器に流れ込む電流と流れ出る電流の比率を検知し，異常が認められた場

合に動作する継電器です．正常な変圧器であれば変圧器に流れ込む電流と変圧器から流れ出る電流はある一定の比率を保っていますが，**変圧器の内部で短絡や地絡などの異常が発生すると，変圧器に流れ込む電流と流れ出る電流の比率が変化します．**この比率の変化を検知して動作する継電器を比率差動継電器といいます．

2 変圧器の並行運転の条件

変圧器を複数台，並列に運転することを変圧器の並行運転といいます．変圧器を並行運転するためには，次の条件を満足する必要があります．

①　**各変圧器の極性が一致していること．**

②　**各変圧器の変圧比が等しいこと．**

③　**各変圧器のインピーダンス電圧が等しいこと．**

変圧器の極性とは，**変圧器の鉄心に巻く巻線の方向**によって生じる**誘電起電力の方向**を表したもので，加極性と減極性があります．日本では減極性が用いられ，加極性は用いられません．またインピーダンス電圧とは，**変圧器に定格電流を流したときに巻線のインピーダンスによって生じる電圧降下**で，変圧器の2次側を短絡して行う試験である短絡試験によって求めることができます．

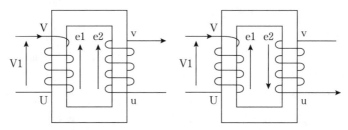

変圧器の極性（左：減極性，右：加極性）

3 変圧器の結線方式

変圧器の結線方式には，次の方法があります．

①　**Δ-Δ 結線**：1次側2次側とも Δ 結線とした方式

②　**V-V 結線**：1次側2次側とも V 結線とした方式

③　**Y-Y 結線**：1次側2次側とも Y 結線とした方式

④　**Y-Δ 結線**：1次側を Y 結線，2次側を Δ 結線とした方式

⑤　**Δ-Y 結線**：1次側を Δ 結線，2次側を Y 結線とした方式

Δ 結線とは変圧器の3つの巻線を**環状に結線**する方式をいいます．Y 結線とは**中心から分岐した形状**で変圧器の3つの巻線を結線する方式をい

ます．V結線とは変圧器の2つの巻線を**直列につなげたような形状**の結線方式をいいます．

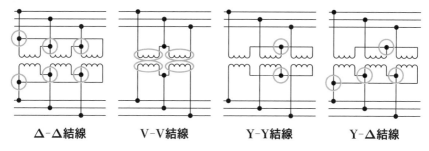

Δ-Δ結線　　　**V-V結線**　　　**Y-Y結線**　　　**Y-Δ結線**

結線方式の見分け方は次のとおりです．

Δ結線：巻線間の**接続点が3か所**あります．

Y結線：3つの巻線間の**接続点が1か所のみ**です．この接続点を中性点といいます．

V結線：2つの**巻線が直列**に接続されています．

4　V-V結線変圧器の1台当たりの利用率

V-V結線の変圧器1台当たりの利用率は$\dfrac{\sqrt{3}}{2} \fallingdotseq 0.867$となります．これは百分率で表すとおおむね**86.7 %**となります．利用率とは，**容量に対する負荷へ供給できる出力の比率**になります．

したがって，次の図に示す100 kV・Aの変圧器2台のV結線による三相負荷への出力P [kV・A] は次式で求まります．

$$P = 100 \times \frac{\sqrt{3}}{2} \times 2 = 100\sqrt{3} \fallingdotseq 173 \text{ kV・A}$$

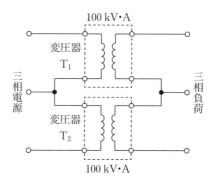

V-V 結線変圧器

5 変圧器のタップの選定

変圧器の負荷時タップ切換装置とは，電力系統の電圧調整などを行うことを目的に変圧器に組み込まれた装置をいいます．本試験では変圧器のタップの選定を問う問題が出題されます．

次の図のようにA点，B点，C点の電圧がそれぞれ6 450 V，6 300 V，6 150 Vだったとき，2次側電圧をすべて105 Vに調整するための1次側のタップの選定は，図に示すとおりとなります．1次側の電圧が低いほど変圧比を小さくする必要があります．変圧比は巻数比に比例するので，1次側の電圧が低いほど，2次側の巻数に対する1次側の巻数を少なくする必要があります．したがって，1次側の巻数は1次側の電圧が高いほど多く，低いほど少なくする必要があります．

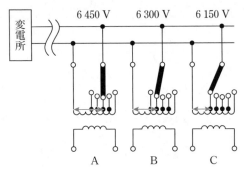

1次側電圧が高いほど青矢印部分を長く，低いほど青矢印部分を短く選定する必要がある．

変圧器のタップの選定

6 中性点接地方式

中性点接地とは，変電所の変圧器の中性点に接地を施すことをいいます．中性点接地は，送配電線の地絡事故時の異常電圧の抑制や地絡電流による通信線への電磁誘導障害の抑制等のために施設されます．主な中性点接地の方式は，次のとおりです．

① 非接地方式

中性点を接地しない方式で，異常電圧が発生しやすいという特徴があります．送配電系統の中では比較的使用電圧が低い高圧配電線路には，非接地方式が採用されています．

② 直接接地方式

中性点を導線で接地する方式です．送電線の地絡事故時に発生する異常電圧は抑制されますが，地絡事故時に流れる地絡電流が大きいという特徴があります．地絡事故時の地絡電流が大きいと，通信線に対する電磁誘導

障害も大きくなります．また，地絡電流が大きいため，**保護継電器の動作
が確実になります**．

③ 抵抗接地方式

　中性点を一般的に $100\sim1\,000\,\Omega$ 程度の抵抗で接地する方式で，1線地絡
電流を $100\sim300\,A$ 程度に抑制したものが多用されています．抵抗接地方
式は，**地絡故障時の通信線に対する電磁誘導障害が直接接地方式と比較し
て小さい**という特徴があります．

④ 消弧リアクトル接地方式

　中性点を送電線路の対地静電容量と並列共振するようなリアクトルで接
地する方式です．消弧リアクトル接地方式は，アーク放電による**架空送電
線の地絡事故を速やかに解消する目的**で施設されます．並列共振とは，対
地静電容量によるリアクタンスと消弧リアクトルのリアクタンスで構成さ
れる並列回路において互いのリアクタンスが打ち消されるような状態をい
います．

| 非接地方式 | 直接接地方式 | 抵抗接地方式 | 消弧リアクトル
接地方式 |

中性点接地方式

03 送配電設備

●架空送電線

送電線は発電所, 変電所, 特別高圧需要家等の間を連系しています. 送電線路には架空送電線路と地中送電線路がありますが, 経済性の観点から, 架空送電線路が広く採用されています. **架空送電線には一般に鋼心アルミより線 (ACSR) が使用されています.**

同じ容量の電力を送電する場合, 送電電圧が高いほど電流が少なくて済み, 送電損失が小さくなります. したがって, **長距離送電**するためには, できるだけ**高い電圧**で送電して**送電損失を小さく**しています.

1 交流送電と直流送電

送電の電気方式には, 交流電力を送電する交流送電と直流電力を送電する直流送電があります. 送電の電気方式は, **交流送電が多用**されていますが, 一部, **直流送電が採用**されています. **交流送電**では, 送電線に交流電流を流したときに, **電流が電線の周辺部に集中して流れる表皮効果が発生**します. 表皮効果は電力損失の一因になります. **直流送電**は, **表皮効果が生じない**こともあり, 長距離・大電力送電に適していますが, 送電端, 受電端それぞれに交流電気と直流電気を変換する**直流交直変換装置が必要**となります.

直流は零点 (電流が0になるタイミング) となるところがないため, **大容量の直流遮断器をつくるのが難しい**とされています. また, 交直変換装置で**高調波が発生**するので, **高調波障害対策が必要**となります.

2 架空送電線の雷害対策

架空送電線は**雷の被害 (雷害) を受けやすい**ので, 雷害対策が必要です. 架空送電線の主な雷害対策は次のとおりです.

① **架空地線を設置する.**
② **避雷器を設置する.**
③ **がいしにアークホーンを取り付ける.**
④ **埋設地線を設置する.**

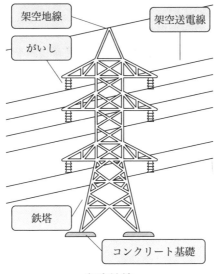

架空地線

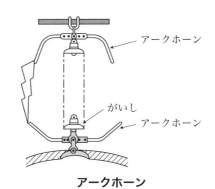

アークホーン

架空地線とは，送電線の上部に架線された導線をいいます．また，アークホーンとは，がいしの両端に設け，雷の異常電圧によるアーク放電を遠ざけて，がいしや電線を保護する装置です．また，鉄塔の接地抵抗を低減し，大地に電流を逃げやすくするために埋設地線を設置します．雷撃により鉄塔の電圧が上昇し，鉄塔から逆に電線に放電する逆フラッシオーバを防止することができます．

3 がいしの塩害対策

がいしの塩害とは，特に海浜部において，がいしの表面に海水由来の塩分が付着することにより，絶縁抵抗が低下して発生する絶縁破壊等の被害をいいます．主ながいしの塩害対策は次のとおりです．

① 沿面距離の大きいがいしを使用する.

② 定期的にがいしの洗浄を行う.

③ シリコンコンパウンドなどのはっ水性絶縁物質をがいし表面に塗布する.

沿面距離とは，がいしの表面をなぞった経路における電線と支持物との間の距離です．沿面距離が大きいと絶縁性能が高くなります．また，はっ水性とは水をはじく性質です．がいしに水分が付着していると塩分も付着しやすくなりますので，これを防止します．

4　架空送電線の振動対策

架空送電線の振動現象には以下の種類があります.

① **微風振動**：電線に対し直角に微風（数 m/s）が吹くと電線の背後にカルマン渦が発生し上下振動する.

② **ギャロッピング**：電線に雪や氷が付着して風が吹きつけると風下側にカルマン渦が発生して上下振動する.

③ **スリートジャンプ**：電線に雪が付着してそれが一斉に落ちる反動で振動する.

④ **サブスパン振動**：多導体特有の振動で，10 m/s 以上の風でカルマン渦が発生し振動する.

架空送電線は，上記のように風などの外力を受けて振動します．振動がひどくなると電線が切断されるおそれがあるので，架空送電線には振動対策が必要です．架空送電線の主な振動対策は次のとおりです.

① **アーマロッド**：電線と同種の金属を電線に巻き付けて補強し，電線の振動による素線切れなどを防止する.

② **ダンパ**：電線におもりとして取り付け，微風により生じる電線の振動を吸収し，電線の損傷などを防止する.

③ **相間スペーサ**：多導体に使用する間隔材で，強風による電線相互の接近・接触や負荷電流，事故電流による電磁吸引力から素線の損傷を防止する．なお，多導体とは，1 相当たりに複数の導体を用いて送電することをいう．また，単導体と多導体の相間スペーサがあり，主にギャロッピング，スリートジャンプなどによる相間短絡を防止する.

5　通信線への誘導障害対策

送電線の各相のインダクタンスや静電容量が不平衡（アンバランス）になると，近傍の通信線に電磁誘導障害と静電誘導障害の誘導障害が発生す

ることがあります．誘導障害対策の一つに送電線路のねん架があります．

　架空送電線路のねん架とは，各相のインダクタンスと静電容量を平衡させて通信線への誘導障害を防止するために，**送電線の各相の位置を途中で適宜入れ換えて架線すること**をいいます．

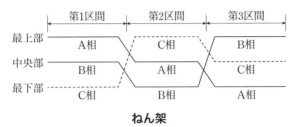

ねん架

6　多導体方式

　多導体方式とは，主に送電容量の増加を目的に，**1相当たりに複数の導体を用いて送電する方式**をいいます．多導体に対して，**1相当たり一つの導体で送電する方式を単導体方式**といいます．多導体方式の単導体方式に対する主な特徴は次のとおりです．

① **単導体方式に比べて，電流容量が大きく，送電容量が増加する．**

② **単導体方式に比べて，電線表面の電位の傾きが下がり，コロナ放電が発生しにくい．**

③ **単導体方式に比べて，電線のインダクタンスが減少し，静電容量が増加する．**

　電位の傾きとは距離当たりの電位差 [V/m] で，電位の傾きが小さいとコロナ放電が発生しにくくなります．コロナ放電とは，**送電線の周囲の空気が絶縁破壊して生じる放電現象**で，**音と光を発して損失となります．多導体方式は単導体方式に比べて，コロナ放電が発生しにくくなります．**

7　送電線のたるみの式

　送電線のたるみとは，送電線の両端の支持部を結んだ直線から送電線がたるんで下がっている垂直距離をいい，次式で表されます．

$$D = \frac{WS^2}{8T} \ [m]$$

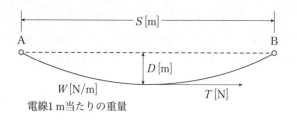

電線1 m当たりの重量

また，電線の実長を L とすると，次式となります．

$$L = S + \frac{8D^2}{3S} \, [\mathrm{m}]$$

■地中送電線

架空送電線路には，鋼心アルミより線（ACSR）などの導体がむき出しになっている裸電線が使用されていますが，地中送電線には電力ケーブルが用いられています．

1 電力ケーブルの損失

地中送電線路に用いられる電力ケーブルに発生する損失は次のとおりです．

① 抵抗損：導体の**抵抗による損失**

② 誘電損：**絶縁物に発生する損失**，絶縁物の劣化により生じる

③ シース損：**金属シースに発生する起電力による損失**

電力ケーブルには鉄損は発生しません．

2 水トリー現象

水トリー現象とは，高圧架橋ポリエチレン絶縁ビニルシースケーブル（CV ケーブル）の架橋ポリエチレン絶縁体内部に，水トリーと呼ばれる**樹枝状の劣化部分**が生じる現象をいいます．水トリー現象が進行すると電力ケーブルが**絶縁破壊**して，**地絡事故**に発展するおそれがあります．

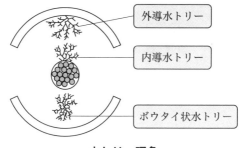

外導水トリー

内導水トリー

ボウタイ状水トリー

水トリー現象

3 フェランチ現象

フェランチ現象とは，**受電端電圧が送電端電圧よりも高くなる現象**をいいます．フェランチ現象は次のような場合に発生しやすくなります．

① **長距離送電で，無負荷や軽負荷の場合**

② **裸電線による架空送電線路よりも，絶縁物の静電容量の影響を受ける電力ケーブルによる地中送電線路**に発生しやすい．

04 受電設備

■キュービクル

　キュービクルとは，接地された金属製箱内に受電設備機器一式を収容した装置です．キュービクルの主な特徴は次のとおりです．

① 　接地された金属製箱内に受電設備機器一式を収容するので安全性が高い．
② 　開放形受電設備に比べ，据付面積が小さく済む．
③ 　開放形受電設備に比べ，現地工事が簡単となり工事期間が短縮できる．
④ 　屋外に設置する場合は，雨等の吹込みへの対策を講じる必要がある．
⑤ 　機器や配線が直接目視できないので，日常点検が困難である．

　なお，開放形受電設備とは，受電設備機器を建物内の室に露出・開放して設置する方式の受電設備をいいます．

■避雷器

　避雷器とは，過大電圧に伴う電流を大地へ分流することによって過大電圧を制限し，過大電圧が過ぎ去った後に，電路を速やかに健全な状態に回復させる機能をもつ機器です．避雷器は，雷等による衝撃性の過電圧に対して動作し，過電圧を電路の絶縁強度より低いレベルにすることによって，受電設備の絶縁破壊を防止する役割を担っています．

　高圧架空電線路から電気の供給を受ける受電電力 500 kW 以上の電気需要場所の引込口には，避雷器を施設する必要があります．近年では避雷機能の特性を有する物質である酸化亜鉛（ZnO）素子を使用した避雷器が主流となっています．また避雷器には A 種接地工事を施す必要があります．

■高圧開閉器

1　遮断器

　高圧受電設備の短絡保護には，過電流継電器と高圧真空遮断器の組み合

わせが多用されています．短絡保護においては遮断器の遮断容量の検討が重要です．遮断容量とは，**短絡電流が流れたときに生じる電力を遮断できる容量**をいいます．遮断器は，受電点における三相短絡電流による電力を上回る遮断容量のものを選定する必要があります．

また，遮断器の定格遮断容量は次式で求められます．

定格遮断容量$[MV \cdot A]=\sqrt{3} \times$**定格電圧**$[kV] \times$**定格遮断電流**$[kA]$

したがって，公称電圧6.6 kV，定格電圧7.2 kV，定格遮断電流12.5 kA，定格電流600 Aの遮断器の遮断容量$[MV \cdot A]$は次のように算定されます．

$$定格遮断容量[MV \cdot A] = \sqrt{3} \times 定格電圧[kV] \times 定格遮断電流[kA]$$
$$= \sqrt{3} \times 7.2 \times 12.5 \fallingdotseq 156\ MV \cdot A$$

2　高圧交流真空電磁接触器（VMC）

高圧交流真空電磁接触器（VMC）は，電磁石の**電磁力により真空バルブ中の接点を開閉する**開閉器です．自動力率調整装置による進相コンデンサの台数制御のように**頻繁に開閉**する必要のある**高頻度開閉**を目的にした用途に使用されます．

■高調波

高調波とは，**基本正弦波の整数倍の周波数を有した交流波形**をいいます．電力系統の電圧，電流に含まれる高調波は，**第5次，第7次**などの比較的周波数の低い成分が大半です．第5次というのは基本正弦波の5倍の周波数を有する高調波をいいます．したがって，基本正弦波の周波数50 Hzにおける第5次の高調波は$50 \times 5 = 250\ Hz$となります．

高調波に関して本試験で問われる主な事項は次のとおりです．

① インバータ，整流器，アーク炉等は高調波の発生源になるので，**交流フィルタ**等の抑制対策が必要です．

② 高調波は，進相コンデンサ，発電機，電動機等に**過熱**などの影響を与えることがあります．

③ 高圧進相コンデンサには，高調波対策として，**直列リアクトル**を設置することが望ましいです．

◎過去問で実力チェック！

Q-1

コンバインドサイクル発電の特徴として，誤っているものは．

イ．主に，ガスタービン発電と汽力発電を組み合わせた発電方式である．

ロ．同一出力の火力発電に比べ熱効率は劣るが，LNG などの燃料が節約できる．

ハ．短時間で運転・停止が容易にできるので，需要の変化に対応した運転が可能である．

ニ．回転軸には，空気圧縮機とガスタービンが直結している．

解説　コンバインドサイクル発電の特徴の一つに，同一出力の火力発電に比べ熱効率に**優れ**，LNG などの燃料が節約できることがあげられます．

答え　ロ

Q-2

架空送電線のスリートジャンプ現象に対する対策として，適切なものは．

イ．アーマロッドにて補強する．

ロ．鉄塔では上下の電線間にオフセットを設ける．

ハ．送電線にトーショナルダンパを取り付ける．

ニ．がいしの連結数を増やす．

解説　架空送電線のスリートジャンプとは電線に付着した氷雪が脱落した際に，電線が上に跳ね上がる現象をいいます．下の電線が跳ね上がり，上の電線に接触・接近することを防止するために，上下の電線間に**オフセット**を設けて水平位置をずらす対策が講じられます．

答え　ロ

Q-3

ディーゼル発電装置に関する記述として，誤っているものは．

イ．ディーゼル機関は点火プラグが不要である．

ロ．ディーゼル機関の動作工程は，吸気→爆発（燃焼）→圧縮→排気である．

ハ．回転むらを滑らかにするために，はずみ車が用いられる．

ニ．ビルなどの非常用予備発電装置として，一般に使用される．

解説　ディーゼル機関の動作工程は，**吸気→圧縮→爆発（燃焼）→排気**です．

答え　ロ

Q-4

水平径間 120 m の架空送電線がある．電線 1 m 当たりの重量が 20 N/m，水平引張強さが 12 000 N のとき，電線のたるみ D [m] は．

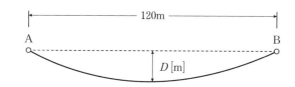

イ．2　　ロ．3　　ハ．4　　ニ．5

解説　たるみ D [m] は次式で算定されます．

$$D = \frac{WS^2}{8T} = \frac{20 \times 120^2}{8 \times 12\,000} = 3 \text{ m}$$

W：電線 1 m 当たりの重量 [N/m]，S：水平径間 [m]，T：水平引張強さ [N]

答え　ロ

Q-5

キュービクル式高圧受電設備の特徴として，誤っているものは．

イ．接地された金属製箱内に機器一式が収容されるので，安全性が高い．

ロ．開放形受電設備に比べ，より小さな面積に設置できる．

ハ．開放形受電設備に比べ，現地工事が簡単となり工事期間も短縮できる．

ニ．屋外に設置する場合でも，雨等の吹き込みを考慮する必要がない．

解説　屋外に設置する場合には，雨等の吹き込みを考慮する必要があります．

答え　ニ

Q-6

6 kV CVT ケーブルにおいて，水トリーと呼ばれる樹枝状の劣化が生じる

箇所は.

イ．ビニルシース内部

ロ．遮へい銅テープ表面

ハ．架橋ポリエチレン絶縁体内部

ニ．銅導体内部

解説　6 kV CVT ケーブルにおいて水トリーが発生する箇所は，**ハの架橋ポリエチレン絶縁体内部**です.

答え　ハ

Q-7

送電用変圧器の中性点接地方式に関する記述として，誤っているものは.

イ．非接地方式は，中性点を接地しない方式で，異常電圧が発生しやすい.

ロ．直接接地方式は，中性点を導線で接地する方式で，地絡電流が大きい.

ハ．抵抗接地方式は，地絡故障時，通信線に対する電磁誘導障害が直接接地方式と比較して大きい.

ニ．消弧リアクトル接地方式は，中性点を送電線路の対地静電容量と並列共振するようなリアクトルで接地する方式である.

解説　地絡事故時の通信線に対する電磁誘導障害は，**抵抗接地方式**より，**直接接地方式**のほうが大きいです.

答え　ハ

Q-8

柱上変圧器 A，B，C の一次側の電圧は，電圧降下により，それぞれ 6 450 V，6 300 V，6 150 V である．柱上変圧器 A，B，C の二次電圧をそれぞれ 105 V に調整するため，一次側タップを選定する組合せとして，正しいものは.

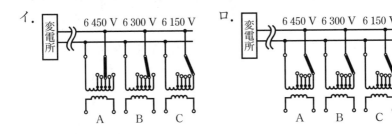

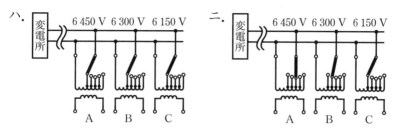

ハ. 変電所 6 450 V 6 300 V 6 150 V

ニ. 変電所 6 450 V 6 300 V 6 150 V

A   B   C   A   B   C

解説 設問の調整するために選定する一次側タップの組み合わせは，ニで
す．電源の一次側電圧が低いほど，変圧器の一次側巻線の巻数を少なくす
るようにタップを選定する必要があります．

答え **ニ**

Q-9

変圧器の結線方法のうち Y-Y 結線は，

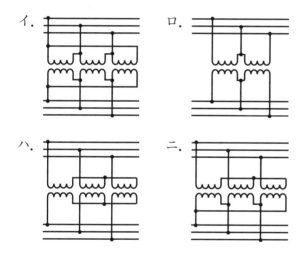

イ.

ロ.

ハ.

ニ.

解説 変圧器の結線方法のうち Y-Y 結線は，**ハ**です．**イ**は △-△ 結線，
ロは V-V 結線，**ニ**は Y-△ 結線です．

答え **ハ**

Q-10

りん酸形燃料電池の発電原理図として，正しいものは．

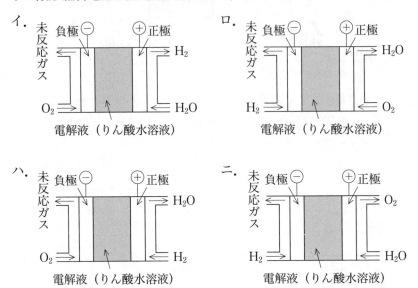

イ．

未反応ガス　負極⊖　⊕正極　H₂

O₂　H₂O

電解液（りん酸水溶液）

ロ．

未反応ガス　負極⊖　⊕正極　H₂O

H₂　O₂

電解液（りん酸水溶液）

ハ．

未反応ガス　負極⊖　⊕正極　H₂O

O₂　H₂

電解液（りん酸水溶液）

ニ．

未反応ガス　負極⊖　⊕正極　O₂

H₂　H₂O

電解液（りん酸水溶液）

解説　リン酸形燃料電池の発電原理として正しいものは，**ロ**です．**負極側は水素が供給され未反応ガス**が排出されます．**正極側は酸素が供給され水**が排出されます．

答え　ロ

第**11**章

電気応用

● 光源

1　LEDランプ

　LEDランプとは，発光ダイオード（LED）を用いた照明用光源です．p形半導体とn形半導体を接合したpn接合に電圧を加えることにより，エレクトロルミネセンスの原理により発光します．LEDチップ（半導体）の発光に必要な順方向電圧は，直流2〜3V程度です．白色に発光させるために，青色LEDと黄色を発光する蛍光体を使用する方法などが用いられています．消費電力当たりの光束（光源が発光する光の量）である発光効率は，白熱灯などに比べて高いという特徴があります．

　p形半導体とはプラスの電荷（物体が帯びている電気）を利用した半導体，n形半導体とはマイナスの電荷を利用した半導体をいいます．エレクトロルミネセンスとは，電界発光ともいい，半導体中において電界を印加することによって発光等を引き起こす現象をいいます．

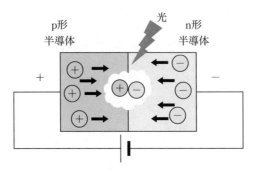

2　蛍光灯

　蛍光灯とは，放電灯の一種で，蛍光管内の水銀蒸気中に放電を行い，発生した紫外線を蛍光体に照射し，可視光に変換して発光する光源です．蛍光灯の発光原理は，紫外線を蛍光体に照射して発光するホトルミネセンスです．発光効率は白熱電球より高いという特徴を有しています．また蛍光灯には安定的に発光させるための器具である安定器が必要です．蛍光灯に

は，ラピッドスタート形や Hf（高周波点灯専用形）蛍光灯などがあります．

① ラピッドスタート形

ラピッドスタート形は，従来の蛍光灯の点灯に必要だったグロー放電管（グロースタータ）の点灯管を不要にして，即時（約1秒）点灯を可能にした蛍光灯です．グロー放電管（グロースタータ）はバイメタルの温度上昇による変形機能を利用しているため点灯に時間を要していましたが，ラピッドスタート形は点灯管を不要にすることで，即時点灯を実現しています．

② Hf（高周波点灯専用形）蛍光灯

Hf（高周波点灯専用形）蛍光灯は，高い周波数の電源により点灯させる蛍光灯です．Hf（高周波点灯専用形）蛍光灯は，主に次の特徴があります．

・点灯周波数が高いため，ちらつきを感じない．また騒音も小さい．

・約1秒と比較的点灯時間が早い

・安定器の小形軽量化がはかれる．

・通常の商用周波点灯蛍光灯よりも高効率である．

3 白熱灯

白熱灯とは，白熱電球による照明器具です．白熱電球は，ガラス管に封入された電気抵抗（フィラメント）に電流を流し，高温になったフィラメントが温度放射により発光する原理を利用した光源です．白熱電球のガラス管にはアルゴン等の不活性ガスが封入されています．また，ガラス管の黒ずみ防止のために，不活性ガスにハロゲン化物を混入した白熱電球をハロゲンランプといいます．白熱灯の主な特徴は次のとおりです．

① 電源の電圧が高くなると寿命が短くなる．

② 電源の周波数が変わっても消費電力は変わらない．

③ 点灯していないときの抵抗値は $10\,\Omega$ 程度である．

4 高輝度放電ランプ（HIDランプ）

高輝度放電ランプとは，HIDランプともいい，外管と発光管の二重構造で，外管内部の発光管の中の高気圧の水銀蒸気中で発光させる放電灯です．発光原理は蛍光灯と同様ですが，高気圧の水銀蒸気中で発光させるため輝度（まぶしさの度合い）の高い光が得られるのが特徴です．

高輝度放電ランプには，高圧水銀ランプのほかに，発する光の性質を改善する目的で発光管にさまざまな物質を封入している高圧ナトリウムラン

プ，メタルハライドランプ，キセノンランプ等があります．高輝度放電ランプに関する主な事項は次のとおりです．

① 電源を投入してから点灯するまでの時間が白熱灯や蛍光灯などに比べて長い．

② 高圧ナトリウムランプ：放電灯の中では発光効率が最も高い．

③ メタルハライドランプ：演色性（色の見え方）を改善する目的で発光管にハロゲン化金属を封入したもの．

④ キセノンランプ：演色性（色の見え方）を改善する目的で発光管に不活性ガスであるキセノンを封入したもの．

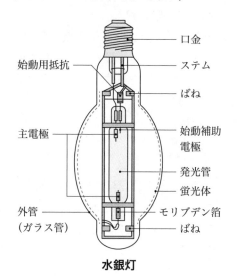

水銀灯

● 照度

1 照度と光束

照度とは，**被照面の面積当たりに照射される光束**をいいます．$1\,\mathrm{m}^2$ の被照面に $1\,\mathrm{lm}$ の光束が当たっているときの照度が $1\,\mathrm{lx}$ です．照度の単位は $[\mathrm{lx}]$（ルクス），光束の単位は $[\mathrm{lm}]$（ルーメン）といいます．

照度と光束の関係式は次のとおりです．

$$E = \frac{F}{A}$$

E：照度$[\mathrm{lx}]$，F：光束$[\mathrm{lm}]$，A：被照面の面積$[\mathrm{m}^2]$

したがって，屋内照明では，光源から出る**光束が 2 倍になると照度も 2**

倍となります．また，被照面に当たる光束が一定であれば，被照面の色に
関係なく照度は同じになります．

2　照度と光度

　光度とは，光源から発する立体角（空間的広がりをもった角度）当たり
の光束をいい，単位は［cd］（カンデラ）で表されます．照度は，光源の光
度に比例し，光源との距離の2乗に反比例します．したがって，光源から
出る光度を一定としたとき，光源から被照面までの距離が2倍になると，
照度は 1/4 になります．

　被照面より h［m］離れた高さに光度 I［cd］の点光源があるときの光源
直下の照度 E［lx］は次式で表されます．

$$E=\frac{I}{h^2}\ [\text{lx}]$$

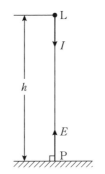

点光源直下の床面照度

3　照度計算

　点光源の直下から離れた地点における照度の計算は次のように行います．
【例題】
　図の Q 点における水平面照度［lx］は．ただし光源 A の光度 I は 250 cd
とする．

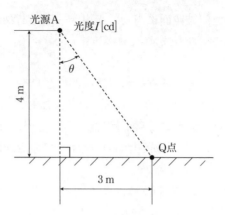

【解答】

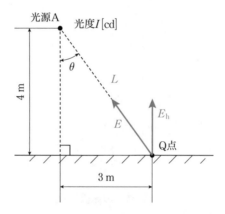

　図より AQ 間の距離 L [m] を**三平方の定理**より次式にて求めます．

　　$L = \sqrt{3^2 + 4^2} = \sqrt{9 + 16} = \sqrt{25} = 5$ m

　線 AQ の法線照度 E [lx] を求めます．法線照度とは線にのっとった照度という意味です．

　　$E = \dfrac{I}{L^2} = \dfrac{250}{5^2} = \dfrac{250}{25} = 10$ lx

　三角比を用いて Q 点の水平面照度 E_h [lx] を求めます．水平面照度とは，法線照度に対して水平面に直交している成分の照度です．

　　$E_h = \dfrac{4}{5} E = \dfrac{4}{5} \times 10 = 8$ lx　【答】

02 電気加熱と耐熱クラス

●電気加熱方式

　電気加熱とは電気エネルギーを熱エネルギーに変換して，物体を加熱する方式です．主な電気加熱方式には，誘導加熱，誘電加熱，抵抗加熱，アーク加熱，赤外線加熱があります．

1　誘導加熱

　誘導加熱とは，**導体に磁界を加えて電磁誘導の原理を用いて**物体を加熱する方式で，全電化マンション等に使用されている電磁調理器（IH調理器）の加熱方式です．

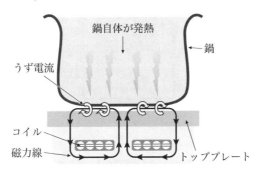

電磁調理器

2　誘電加熱

　誘電加熱とは，**絶縁体に電界を加えて物体を加熱**する方式です．物体に電波（マイクロ波）を照射して加熱する電子レンジは誘電加熱方式の一つです．

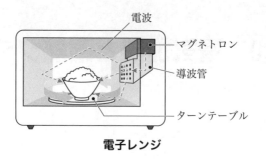

電子レンジ

3 抵抗加熱

抵抗加熱とは，ニッケルとクロムの合金であるニクロム線のような**抵抗体に電流を流したときに発生する熱**を利用して物体を加熱する方式で，**電気コンロ**等に応用されています．

次の回路の R [Ω] の抵抗に，V [V] の電圧を加えて I [A] の電流を流したときに抵抗が消費する電力 P [W] は次式で表されます．

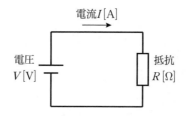

$$P = VI = \frac{V^2}{R} = I^2 R \ [\text{W}]$$

また，消費電力 P [W] で t 秒間に加熱したときに発生する熱量 Q [J] は次式で表されます．

$$Q = Pt \ [\text{J}]$$

4 アーク加熱

アーク加熱とは，**アーク放電による熱**を利用して**物体を加熱**する方式で，**金属の溶接**等に応用されています．

5 赤外線加熱

赤外線加熱とは，**物体に赤外線を照射することにより加熱**する方式で，**暖房器具**等に応用されています．赤外線とは，波長が $780\,\text{nm} \sim 100\,\mu\text{m}$ の帯域の電磁波です．また，主な電磁波を波長の短い順に左から右に並べると次のとおりです．

X 線⇒紫外線⇒可視光線（目に見える光）⇒赤外線

波長
短い ←――――――――――――――――――――→ 長い
　　　　1 pm　　　　1 nm　　　　1 µm　　　　1 mm　　　　1 m　　　　1 km
10^{-14} 10^{-13} 10^{-12} 10^{-11} 10^{-10} 10^{-9} 10^{-8} 10^{-7} 10^{-6} 10^{-5} 10^{-4} 10^{-3} 10^{-2} 10^{-1} 10^{0} 10^{1} 10^{2} 10^{3} 10^{4} (m)

γ線	X線	紫外線	可視光線	赤外線	マイクロ波	電波

電磁波の波長

■耐熱クラス

　耐熱クラスとは，JIS（日本産業規格）に規定されている電気機器の絶縁材料の最高連続使用温度（℃）の数値をクラス分けしたものです．耐熱クラスは，次の表のとおり最高連続使用温度（℃）のクラスごとにアルファベットの文字が指定されています．本試験では，最高連続使用温度（℃）そのものではなく指定文字の順序が問われるので，最高連続使用温度（℃）の低い順，Y ⇒ A ⇒ E ⇒ B ⇒ F ⇒ H ⇒ N ⇒ R を覚えましょう．

　YAEBFHNR（やあエブリバディ！　古畑任三郎）

最高連続使用温度（℃）	耐熱クラスの指定文字
90	Y
105	A
120	E
130	B
155	F
180	H
200	N
220	R
250	―

03 動力

■誘導電動機

1 三相誘導電動機の始動法

　誘導電動機は，定格電圧をかけて始動させると始動時に**定格電流の数倍の大きな始動電流が流れ，巻線等にダメージを与えます**．誘導電動機の始動法には，全電圧始動法，**始動電流を抑えるために電圧を低減して始動するスターデルタ始動法**，リアクトル始動法，始動補償器法，二次抵抗始動法等があります．

① 全電圧始動法（直入れ始動法）

　始動時に**定格電圧を加えて始動する始動法です．小容量の誘導電動機の**始動に用いられています．

② スターデルタ始動法（Y–△ 始動法）

　固定子巻線を Y 結線にして始動したのち △ 結線に切り換える始動法です．始動時に固定子巻線の各相に加わる電圧を定格電圧の $1/\sqrt{3}$ 倍に低減することにより，△ 結線で全電圧始動した場合に比べ，始動時の線電流を $1/3$ に低減することが可能です．また，始動トルクについても始動電流と同様に，△ 結線で全電圧始動した場合の $1/3$ に低下します．

　スターデルタ始動法は，固定子巻線を Y 結線から △ 結線に切り換える必要があるため，次の図に示す動力制御盤から三相誘導電動機までの配線は **6 本**必要になります．

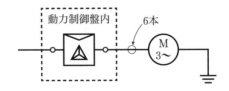

③ リアクトル始動法

　リアクトル始動法は，三相誘導電動機の電源側にコイルを接続し，始動時にコイルの**誘導性リアクタンスによる電圧降下を利用して，電動機に加**

わる電圧を低下させて始動電流を制限する始動法です.

④ 始動補償器法

電源側に単巻変圧器（始動補償器）を挿入して始動時にこれで低電圧を供給し，始動完了後に単巻変圧器を切り離して全電圧を供給する方法です.

⑤ 二次抵抗始動法

巻線形回転子に可変電気抵抗（二次抵抗）を接続し，誘導電動機の始動時の特性を変化させて始動電流を低減する始動法です. 二次抵抗始動は，回転子が巻線で構成される巻線形三相誘導電動機に用いられ，回転子が導体をかご形に組んだ形状のかご形三相誘導電動機には用いられません.

2 三相誘導電動機の特性

① 三相誘導電動機の出力

三相誘導電導機の出力 P [W] は次式で表されます.

$$P = \sqrt{3}\,VI\cos\theta \cdot \eta\,[\text{W}]$$

電圧 V [V], 負荷電流 I [A], 力率 $\cos\theta$, 効率 η

② 三相誘導電動機の同期速度，すべり，回転速度

三相誘導電動機の同期速度 N_s [min^{-1}] とは，三相交流によって生じる回転磁界の回転速度で，次式で表されます. なお，[min^{-1}] は毎分の回転数を表します.

$$N_s = \frac{120f}{p}\,\left[\text{min}^{-1}\right]$$

f：電源周波数（1次周波数）[Hz], p：磁極数

三相誘導電動機の回転子は，回転磁界の同期速度に誘導されて回転しますが，同期速度より遅く回転します. 同期速度に対する同期速度と回転子の回転速度の差をすべり s といい，次式で定義されます.

$$s = \frac{N_s - N}{N_s}$$

N_s：同期速度 [min^{-1}], N：回転子の回転速度 [min^{-1}]

また回転子の回転速度は前式を変形して次式で表すことができます.

$$N = N_s(1 - s)\,[\text{min}^{-1}]$$

③ インバータ・コンバータ

インバータ（逆変換装置）とは，直流電力を交流電力に変換する装置をいいます. また，交流電力を直流電力に変換する装置をコンバータ（順変換装置）といいます. インバータによる三相誘導電動機の回転速度の制御

は，電動機の電源の入力周波数を変えることによって同期速度を変化させ，回転子の回転速度を制御するものです．次の図のように，電源の交流電力をコンバータによって直流電力に変換し，次にインバータによって直流電力を交流電力に変換するときに，電源の入力周波数とは異なる周波数に変換することによって，回転子の回転速度を制御しています．

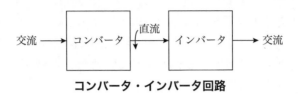

コンバータ・インバータ回路

④　三相誘導電動機の回転方向

　三相誘導電動機は**3本の電線のうち任意の2本を入れ換えて接続する**ともとの回転方向とは**逆方向に回転**します．

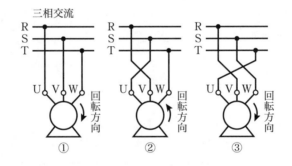

　したがって，前図の②は①に対して電動機端子のUとVへの電線が2本入れ換わっているので，①に対して逆方向に回転します．一方，前図の③は①に対して電動機端子のU，V，Wの電線3本ともすべて入れ換わっているので，①に対して同じ方向に回転します．

⑤　三相誘導電動機の回転速度に対するトルク特性

　三相誘導電動機の回転速度に対するトルクの特性は，次の図の横軸：回転速度，縦軸：トルクのグラフにおいて，図のような**ピークを有する曲線**になります．

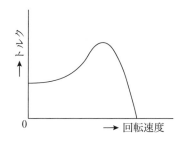

なお，トルクは**回転力**ともいい，（**力**）×（**支点と力点の距離**）で表されるものをいいます．

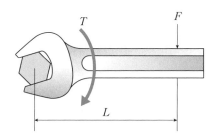

$T = FL[\text{N} \cdot \text{m}]$

T：トルク$[\text{N} \cdot \text{m}]$，$F$：力$[\text{N}]$，$L$：距離$[\text{m}]$

●巻上用電動機の出力

次の図のように巻上荷重 W $[\text{kN}]$ の物体を v $[\text{m/s}]$ の速度で巻き上げているとき，効率 η の巻上げ用電動機の出力 P $[\text{kW}]$ は次式のとおりです．

$$P = \frac{Wv}{\eta} [\text{kW}]$$

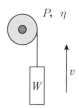

なお，M $[\text{kg}]$ の質量の物体を巻き上げるときの巻上荷重は，重力加速度 $9.8\,\text{m/s}^2$ を用いて次式で表されます．

$W = 9.8M[\text{N}]$

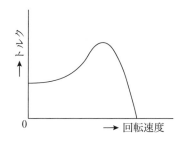

04 蓄電池

■蓄電池

　蓄電池とは，導体の1組の電極と電解液で構成された直流電力を発生する電気機器です．鉛蓄電池とは，**電極に鉛と二酸化鉛**，**電解液に希硫酸を**用いた蓄電池です．

1　鉛蓄電池

　鉛蓄電池の端子電圧と電解液の比重の特性曲線は次のとおりです．

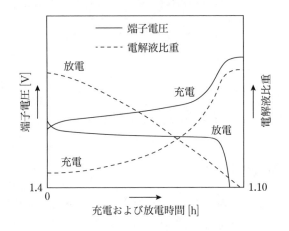

　鉛蓄電池は**放電**が進むと**電解液比重が低下**する特性を有するため，鉛蓄電池の放電の程度を知るために電解液の比重を測定します．なお，後述するアルカリ蓄電池は，電解液にこのような特性を有しないため比重の測定は実施しません．

2　アルカリ蓄電池

　アルカリ蓄電池は，**電解液にアルカリ溶液**，**電極にニッケルやカドミウム**等を使用した蓄電池です．アルカリ蓄電池の主な特徴は次のとおりです．

①　**放電**すると電解液がアルカリ性から**中性**に変化します．

②　**過放電耐性**を有しているので，過放電しても充電することが可能です．

③　**単一セルの起電力**は，鉛蓄電池 2.0 V に対して**アルカリ蓄電池 1.2 V**

程度であり，アルカリ蓄電池の方が低いです．なお，単一セルの起電力とは1組の電極から発生する電圧をいいます．

④　小形密閉化が容易で，保守が簡単です．

3　UPS（無停電電源装置）

蓄電池等を応用した電源装置に UPS（無停電電源装置）があります．UPS は，コンバータ，インバータ，蓄電池等で構成され，コンピュータ等の電源側の**停電および瞬時電圧低下に対する対策**のために使用されます．

● 浮動充電方式

浮動充電方式とは，**蓄電時の充電方式の一つ**で，次の図のように蓄電池と負荷を整流器に**並列**に接続された回路で形成される充電方式です．整流器から蓄電池に充電しつつ，負荷にも電気を供給する方式です．なお，整流器とは電源の交流電力を直流電力に変換して，蓄電池等に電気を供給する電気機器です．

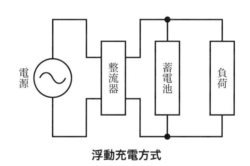

浮動充電方式

05 整流回路

● 整流素子

1 整流とは

　整流とは，交流を直流に変換することをいいます．また，交流とは，周期的に電圧や電流の向きが変換する電気，直流とは電圧や電流の向きが一定の電気をいいます．整流するための電気回路を整流回路といい，整流回路に用いられる電気素子である整流素子には，ダイオードやサイリスタ等が用いられます．

2 ダイオード

　ダイオードとは，p形半導体とn形半導体を接合した電気素子で，p→nの方向にのみ電流を流し，p←nへの逆方向には電流を流さない性質を有しています．電流が流れ込む側をアノード，電流が流れ出る側をカソードといい，アノードからカソードの方向にしか電流は流れません．

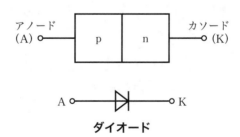

ダイオード

3 サイリスタ

　サイリスタとは，次の図のようにp形半導体とn形半導体を組み合わせた整流素子です．ダイオード同様にアノードからカソードの方向にしか電流は流れません．また，ゲートに信号を送るとアノードからカソードの方向に電流を流し始めることができます．したがって，サイリスタは，アノードからカソードの方向に電流が流れ始めるタイミングを制御することが可能です．

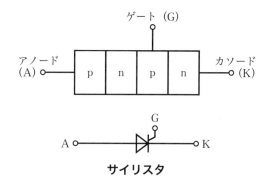

サイリスタ

■整流回路

1 単相半波整流回路

次の図のように**一つのダイオード**を用いて**単相交流を整流する**回路を単相半波整流回路といいます.

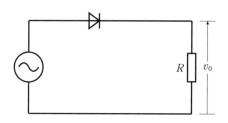

単相半波整流回路で実現される出力電圧は次のようになります. 単相交流波形の**半波分**だけ出力されるので,単相半波整流回路といいます.

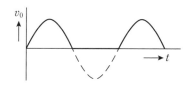

2 単相全波整流回路

次の図のように**複数のダイオード**を組み合わせて**単相交流を整流する**回路を単相全波整流回路といいます.

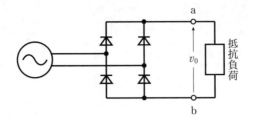

単相全波整流回路で実現される出力電圧は次のようになります．単相交流波形の全波形を**反転**させて出力しているので単相全波整流回路といいます．

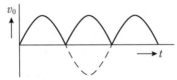

3　平滑回路

前述した単相半波整流回路や単相全波整流回路で実現される出力電圧は前図のように脈動した変動の大きな出力波形となります．これを**脈動の少ない出力波形にする回路を平滑回路**といいます．平滑回路は負荷に**コンデンサを並列**に接続した回路となります．

① 　単相半波整流回路の平滑回路と出力波形

単相半波整流回路の平滑回路と出力波形は次のとおりです．

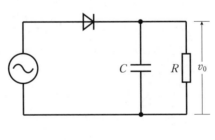

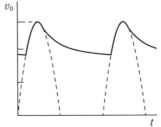

② 単相全波整流回路の平滑回路と出力波形

単相全波整流回路の平滑回路と出力波形は次のとおりです.

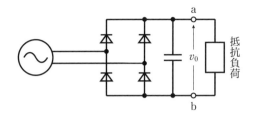

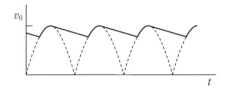

4 サイリスタ整流回路

サイリスタ整流回路は，**電流を流し始めるタイミングを制御**することができます．サイリスタを用いた単相半波整流回路は次のとおりです.

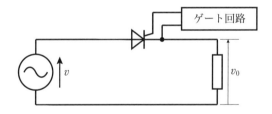

サイリスタに電流を流し始めるタイミングを制御することにより，次のような出力波形を実現することが可能です.

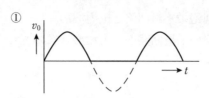

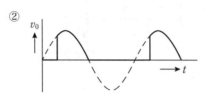

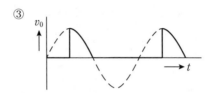

5　三相全波交流回路

　次の図のように**複数のダイオード**を組み合わせて**三相交流の全波形を整流**する回路を三相全波整流回路といいます．

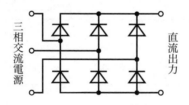

◎過去問で実力チェック！

Q-1

トップランナー制度に関する記述について，誤っているものは．

イ．トップランナー制度では，エネルギー消費効率の向上を目的として省エネルギー基準を導入している．

ロ．トップランナー制度では，エネルギーを多く使用する機器ごとに，省エネルギー性能の向上を促すための目標基準を満たすことを，製造事業者と輸入事業者に対して求めている．

ハ．電気機器として交流電動機は，すべてトップランナー制度対象品である．

ニ．電気機器として変圧器は，一部を除きトップランナー制度対象品である．

解説 **トップランナー制度**とは，機器のエネルギー消費効率の基準を，最もエネルギー効率に優れた機器の数値とする「最高基準値方式」に基づく制度です．**ロ**の記述のとおり，最高基準値を満たすことを，製造事業者等に求めています．**ハ**に記述されている交流電動機も，**ニ**の変圧器と同様に一部を除きトップランナー制度対象品です．

答え　ハ

Q-2

かご形誘導電動機のインバータによる速度制御に関する記述として，正しいものは．

イ．電動機の入力の周波数を変えることによって速度を制御する．

ロ．電動機の入力の周波数を変えずに電圧を変えることによって速度を制御する．

ハ．電動機の滑りを変えることによって速度を制御する．

ニ．電動機の極数を切り換えることによって速度を制御する．

解説 誘導電動機のインバータによる速度制御は，**イ**のとおり，電動機の**入力の周波数**を変えることによって速度を制御するものです．

答え　イ

Q-3

電磁調理器（IH 調理器）の加熱方式は．

イ．アーク加熱　　　ロ．誘導加熱

ハ．抵抗加熱　　　　ニ．赤外線加熱

解説　電磁調理器（IH 調理器）の加熱方式は，**ロの誘導加熱**です．

答え　ロ

Q-4

図のような整流回路において，電圧 v_o の波形は．

ただし，電源電圧 v は実効値 100 V，周波数 50 Hz の正弦波とする．

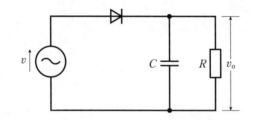

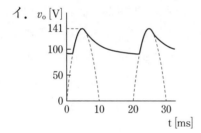

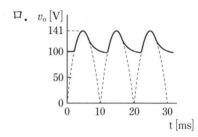

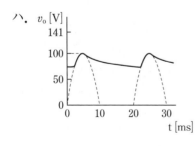

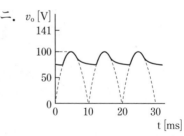

解説　図の整流回路は平滑コンデンサを有した**半波整流回路**です．また，電源電圧の**実効値は** 100 V です．したがって，v_o には**最大値** $100\sqrt{2} \fallingdotseq$ 141 V の平滑された半波整流波形が出力されるので，正解は**イ**です．

答え　イ

Q-5

電気機器の絶縁材料の耐熱クラスは，JIS に定められている．選択肢のなかで，最高連続使用温度［℃］が最も高い，耐熱クラスの指定文字は．

イ．A　　ロ．E　　ハ．F　　ニ．Y

解説　選択肢の中で最高連続使用温度が最も高い耐熱クラスは，ハの F です．選択肢の耐熱クラスの最高連続使用温度は，イの A は 105 ℃，ロの E は 120 ℃，ハの F は 155 ℃，ロの Y は 90 ℃です．

答え　ハ

Q-6

巻上荷重 W［kN］の物体を毎秒 v［m］の速度で巻き上げているとき，この巻上用電動機の出力［kW］を示す式は．

ただし，巻上機の効率は η［%］であるとする．

イ．$\dfrac{100\,W \cdot v}{\eta}$　　ロ．$\dfrac{100\,W \cdot v^2}{\eta}$　　ハ．$100\eta\,W \cdot v$　　ニ．$100\eta\,W^2 \cdot v^2$

解説　巻上用電動機の出力［kW］を P とすると次式で表されます．

$$P = \frac{100\,W \cdot v}{\eta}$$

答え　イ

Q-7

浮動充電方式の直流電源装置の構成図として，正しいものは．

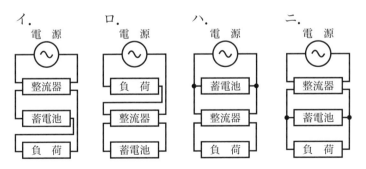

解説　浮動充電方式の構成図は，ニです．

答え　ニ

Q-8

三相全波整流回路のダイオード 6 個の結線として，正しいものは．

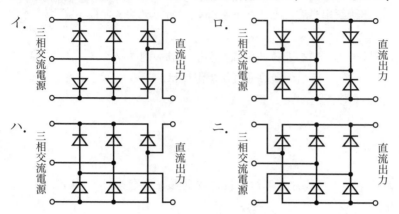

イ． 三相交流電源　直流出力

ロ． 三相交流電源　直流出力

ハ． 三相交流電源　直流出力

ニ． 三相交流電源　直流出力

解説　ダイオード 6 個を用いた三相全波整流回路は，6 個のダイオードの向きが同じで，三相交流電源の 3 線とも直列に接続されたダイオードとダイオードの間に結線されている，ニです．

答え　ニ

Q-9

図は，鉛蓄電池の端子電圧・電解液比重の充電および放電特性曲線である．組合せとして，正しいものは．

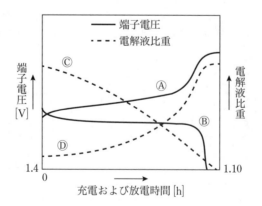

イ．Ⓐ充電時　　Ⓑ放電時　　Ⓒ充電時　　Ⓓ放電時

ロ．Ⓐ充電時　　Ⓑ放電時　　Ⓒ放電時　　Ⓓ充電時

ハ．Ⓐ放電時　　Ⓑ充電時　　Ⓒ充電時　　Ⓓ放電時

ニ．Ⓐ放電時　　Ⓑ充電時　　Ⓒ放電時　　Ⓓ充電時

解説　図の充電および放電特性曲線で示されるものは，端子電圧はⒶ充電時，Ⓑ放電時，電解液比重はⒸ放電時，Ⓓ充電時です．したがってロが正解です．

答え　ロ

Q-10

図のQ点における水平面照度が8 lxであった．点光源 A の光度 I [cd] は．

イ．50　　　ロ．160
ハ．250　　ニ．320

解説　水平照明度 E [lx] は，点光源からQ点までの距離を r [m]，点光源 A の光度を I [cd] とすると次式のとおりです．

$$E = \frac{I}{r^2} \cos\theta \, [\mathrm{lx}]$$

点光源からQ点までの距離 r [m] は，高さ4 m，水平距離3 mであるため，三平方の定理を利用して次のように求められます．

$$r = \sqrt{4^2 + 3^3} = 5 \, \mathrm{m}$$

$\cos\theta$ は次のように求められます．

$$\cos\theta = \frac{4}{r} = \frac{4}{5}$$

したがって，点光源 A の光度 I [cd] は次のように求められます．

$$E = \frac{I}{r^2} \cos\theta$$

$$I = \frac{Er^2}{\cos\theta} = \frac{8 \times 5^2}{\dfrac{4}{5}} = \frac{200}{\dfrac{4}{5}} = 250 \, \mathrm{cd}$$

答え　ハ

第 12 章

基礎理論

01 直流回路

● 直流回路の法則，定理

1 オームの法則

次の図の直流回路において，電流 I [A]，電圧 E [V]，抵抗 R [Ω] の間には次式の関係があります，この関係式で表される法則をオームの法則といいます．

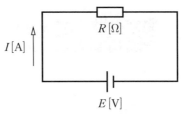

$$I = \frac{E}{R}, \quad E = IR, \quad R = \frac{E}{I}$$

2 導体の抵抗

次の図に示す導体の抵抗 R [Ω] は，導体の断面積 A [m²]，長さ L [m]，抵抗率 ρ [Ω·m] を用いて，次式で表されます．

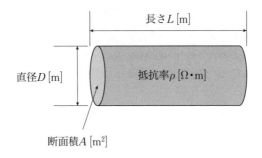

$$R = \frac{\rho L}{A}$$

したがって，**導体の抵抗は抵抗率と長さに比例し，断面積に反比例**します．なお，抵抗率 [Ω·m] とは導体の長さ 1 m，断面積 1 m² あたりの抵抗で，物質固有の数値を示します．

また，導体の直径 D [m] とすると断面積 A [m²] は次式で表されます．

$$A = \frac{\pi D^2}{4}$$

導体の抵抗 R [Ω] を導体の直径 D [m] を用いて表すと次式のとおりです．

$$R = \frac{\rho L}{\dfrac{\pi D^2}{4}} = \frac{4\rho L}{\pi D^2}$$

したがって，**導体の抵抗は，抵抗率と長さに比例し，直径の 2 乗に反比例**します．

3 合成抵抗

複数の抵抗を一つの抵抗とみなすことを抵抗の合成といい，合成された抵抗を合成抵抗といいます．

① 直列回路の合成抵抗

次の図のように，R_1，R_2 [Ω] の二つの抵抗を直列に接続したときの合成抵抗 R [Ω] は次式で表されます．

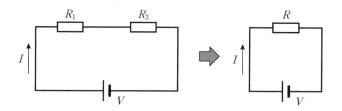

$$R = R_1 + R_2$$

また，R_1，R_2 [Ω] の**二つの抵抗には同じ大きさの電流 I [A] が流れます**．

② 並列回路の合成抵抗

次の図のように，R_1，R_2 [Ω] の二つの抵抗を並列に接続したときの合成抵抗 R [Ω] は次式で表されます．

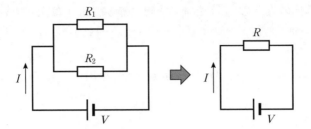

$$R = \frac{R_1 R_2}{R_1 + R_2}$$

また，R_1，R_2 [Ω] の二つの抵抗には同じ大きさの電圧 V [V] がかかります．

4 直列回路による分圧

次の図の直列回路の各部の抵抗にかかる電圧 V_1，V_2 [V] は，それぞれの抵抗に比例し，電源の電圧 E [V] との関係は次式で表されます．

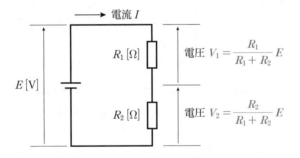

$$E = V_1 + V_2$$

電源の電圧は，直列接続された抵抗に比例して配分されます．

5 並列回路による分流

次の図の並列回路の各部の抵抗に流れる電流 I_1，I_2 [A] は，それぞれの抵抗に反比例し，電源からの電流 I [A] との関係は次式で表されます．

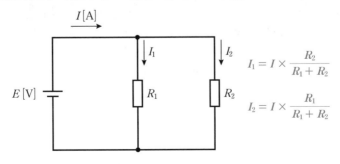

$$I = I_1 + I_2$$

電源から流れる電流は，**並列接続された抵抗に反比例して配分されま**す．I_1 の算定式の分子は R_2，I_2 の算定式の分子は R_1 になるのがポイントです．

6 キルヒホッフの法則

① キルヒホッフの第1法則

キルヒホッフの第1法則とは，キルヒホッフの電流則ともいい，次の図のような回路の**交点**において，**流入する電流の総和と流出する電流の総和は等しい**という法則です．

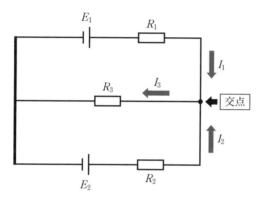

$$I_3 = I_1 + I_2$$

起電力：E_1，E_2 ［V］
電流：I_1，I_2，I_3 ［A］
抵抗：R_1，R_2，R_3 ［Ω］

② キルヒホッフの第2法則

キルヒホッフの第2法則とは，キルヒホッフの電圧則ともいい，次の図のような**閉回路**において，**起電力の総和と電圧降下の総和は等しい**という法則です．

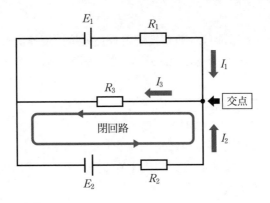

$$E_2 = I_2 R_2 + I_3 R_3$$

起電力：E_1, E_2 [V]

電流：I_1, I_2, I_3 [A]

抵抗：R_1, R_2, R_3 [Ω]

7 ブリッジ回路の平衡条件

　次の図のような回路をブリッジ回路といいます．ブリッジ回路において次式の条件を満たすとき，ブリッジ回路が平衡し，b-c間の抵抗R_5の部分に電流が流れません．

$$R_1 R_4 = R_2 R_3$$

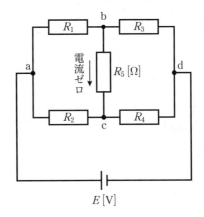

　ブリッジ回路が平衡している場合には，b-c間の抵抗R_5の部分には電流が流れないので，その部分はないものとして，次の図のように回路を取り扱うことが可能です．

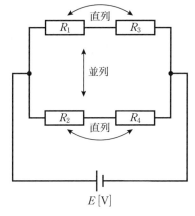

8 ミルマンの定理

　ミルマンの定理とは，次の図のように直流電源と抵抗の直列回路が並列に接続されている回路において，次の関係式が成り立つ定理をいいます．

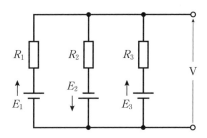

電圧：$E_1,\ E_2,\ E_3,\ V\ [\mathrm{V}]$
抵抗：$R_1,\ R_2,\ R_3\ [\Omega]$

$$V = \frac{\dfrac{E_1}{R_1} + \dfrac{-E_2}{R_2} + \dfrac{E_3}{R_3}}{\dfrac{1}{R_1} + \dfrac{1}{R_2} + \dfrac{1}{R_3}}$$

　E_2 は E_1 と E_3 と起電力の向きが逆の電圧なので符号がマイナスとなります．ミルマンの定理を使用しなくても，オームの法則とキルヒホッフの法則を使用すれば直流回路の計算ができることが多いですが，ミルマンの定理を使用すると簡単に計算できる場合もありますので覚えておきましょう．

02 電磁気学

●静電気

1 静電気のクーロンの法則

次の図のように距離 r [m] 離れて二つの点電荷 $+Q$ [C] と $-Q$ [C] があるとき，これらの点電荷間に働く力 F [N] は次式で表されます．

$$F = K \frac{Q \times Q}{r^2} = K \frac{Q^2}{r^2}$$

ただし，K は比例定数です．

したがって，**働く力 F は $\dfrac{Q^2}{r^2}$ に比例します**．また二つの電荷の符号が同じ符号のときは**反発力**，異なる符号のときは**吸引力**が働きます．

2 平行平板コンデンサ

次の図のように面積 A [m²]，厚さ d [m] で誘電率 ε の絶縁物が入っている平行平板コンデンサに直流電圧 V [V] がかかっているときの，平行平板コンデンサの静電容量 C [F]，電荷 Q [C]，静電エネルギー W_C [J] は次式で表されます．

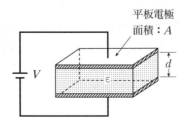

$$C = \varepsilon \frac{A}{d}$$

$$Q = CV$$

$$W_C = \frac{1}{2} CV^2$$

コンデンサの電荷の蓄えやすさを**静電容量**といいます．また，コンデンサやコイルによる**電流の流れにくさ**を**リアクタンス**といいます．特にコンデンサの**静電容量に由来するリアクタンス**を**容量性リアクタンス**といいます．静電容量 C［F］と容量性リアクタンス X_C［Ω］の関係は周波数 f［Hz］を用いて次式のとおりです．なお周波数については交流の項で後述します．

$$X_C = \frac{1}{2\pi f C}$$

3 合成静電容量

① 直列回路の合成静電容量

次の図のように静電容量 C_1, C_2［F］のコンデンサを直列接続したときの合成静電容量 C［F］は次式で表されます．

$$C = \frac{C_1 C_2}{C_1 + C_2}$$

また，直列接続された C_1, C_2 の**各コンデンサに蓄えられる電荷は等し**くなります．

② 並列回路の合成静電容量

次の図のように静電容量 C_1, C_2［F］のコンデンサを並列接続したときの合成静電容量 C［F］は次式で表されます．

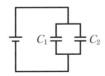

$$C = C_1 + C_2$$

また，並列接続された C_1, C_2 の**各コンデンサにかかる電圧は等しく**なります．

● 電磁気

1 電界の強さと磁界の強さの単位

電圧が発生している部分の近くには電界が生じます. **電界の強さの単位は** [V/m] です. 電界の強さは, 単位距離当たりの電位の差になります. したがって, 現実の電界では, 電界の強さは, 発生している**電圧が高いほど**, 電圧が発生している部分に**近いほど, 大きくなります**.

電流が流れている部分の近くには磁界が生じます. **磁界の強さの単位は** [A/m] です. 磁界の強さは, 流れている電流を電流が流れている部分からの距離で除したものになります. したがって, **磁界の強さは, 流れている電流が大きいほど**, 電流が流れている部分に**近いほど, 大きくなります**.

2 電磁力

磁束密度 B [T] の磁界中に長さ L [m] の導体に電流 I [A] を流したときに導体に働く電磁力 F [N] は次式で表されます.

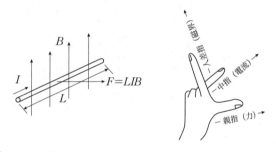

$$F = LIB$$

また, 磁界の方向, 電流の方向, 力の方向はフレミング左手の法則により右図に示す方向になります. なお, 磁束密度とは単位面積当たりの磁束をいい, 磁束とは磁界（磁力の及ぶ世界）の様子を表すための仮想的な線をいいます. 磁束密度の単位は [T]（**テスラ**）, 磁束の単位は [Wb]（**ウェーバ**）で表します.

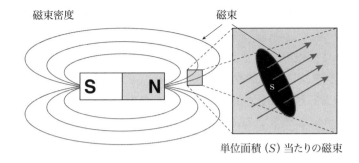

磁束密度　　　　　　　　　　　磁束

単位面積 (S) 当たりの磁束

3　平行電流間に働く力

　次の図のように 2 本の長い電線が距離 d［m］で平行に置かれ，両電線に直流電流 I［A］が流れている場合，これらの電線間には電磁力 F［N］が生じます．電磁力 F［N］は次式で表されます．

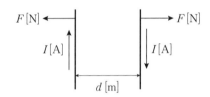

$$F = K \frac{I \times I}{d} = K \frac{I^2}{d}$$

　ただし，K は比例係数です．また 2 本の電線に流れる電流の方向が，同じ場合は吸引力，反対の場合は反発力が生じます．

4　円形コイル中心の磁界の強さ

　次の図のように半径 r［m］の円形に巻かれた巻数 N のコイルに I［A］の電流が流れているとき，円形コイルの中心の磁界の強さ H［A/m］は次式で表されます．

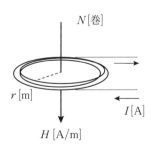

$$H = \frac{NI}{2r}$$

したがって，磁界の強さ H は NI に比例します．

5 インダクタンスとリアクタンス

コイルの電磁誘導のしやすさをインダクタンスといいます．またコンデンサやコイルによる電流の流れにくさをリアクタンスといいます，特にコイルのインダクタンスに由来するリアクタンスを誘導性リアクタンスといいます．

次の図のようなインダクタンス L [H] のコイルの誘導性リアクタンス X_L [Ω] と電圧 V [V]，電流 I [A]，周波数 f [Hz] との関係は次式のとおりです．

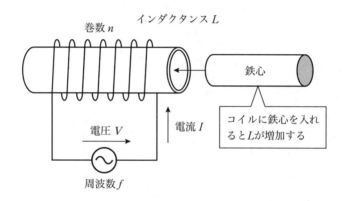

$$L \propto n$$
$$X_L = 2\pi f L$$
$$I = \frac{V}{X_L} = \frac{V}{2\pi f L}$$

したがって，次に示す関係があります．

① 巻数 n を増加させると，**インダクタンス L が増加**し，**電流 I が減少**します．

② コイルに鉄心を入れると，**インダクタンス L が増加**し，**電流 I が減少**します．

③ 周波数 f を高くすると，**リアクタンス X_L が増加**し，**電流 I が減少**します．

④ 電圧 V を高くすると，**電流 I は増加**します．

6　電磁エネルギー

次の図のようにインダクタンス L [H] のコイルに電流 I [A] を流したときに，コイルに蓄えられる電磁エネルギー W_L [J] は次式で表されます.

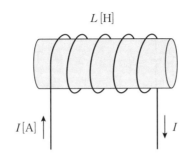

$$W_L = \frac{1}{2}LI^2$$

7　磁気回路

次の図のように鉄心に巻かれた巻数 N のコイルに，電流 I [A] が流れているときの鉄心内の磁束 Φ [Wb] は次式で表されます.

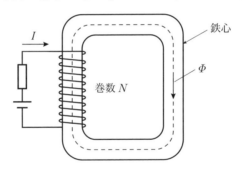

$$\Phi = \frac{NI}{R_m}$$

ただし，R_m は磁気抵抗 [H^{-1}] を表します. したがって，鉄心内の磁束 Φ は NI に比例します.

8　過渡現象

過渡現象とはスイッチを閉じたり，開いたりした後の一時的な現象をいいます.

① RL 直列回路

次の図のような抵抗とコイルの直列回路におけるスイッチを閉じた後の

回路に流れる電流の過渡現象は次のとおりです.

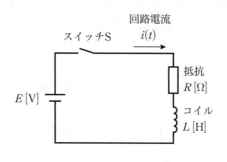

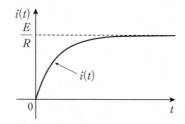

Sを閉じてからの回路に流れる電流の変化

　コイルのインダクタンスによる誘導性リアクタンスは，スイッチSを閉じた瞬間は無限大，すなわち**開放状態**と同様となり**電流は流れません**. 十分時間が経過した定常状態に達すると，コイルのインダクタンスによる誘導性リアクタンスはゼロ，すなわち短絡状態と同様になり，**電流**は抵抗Rのみの回路に流れることと同様になり$\dfrac{E}{R}$**になります**.

　要するにコイルのインダクタンスによる誘導性**リアクタンス**は，スイッチSを閉じて直流電源に接続すると**無限大⇒ゼロに変化**し，回路に流れる**電流はゼロ⇒**$\dfrac{E}{R}$**に変化**します.

②　RC直列回路

　次の図のような抵抗とコンデンサの直列回路におけるスイッチSを閉じた後の回路に流れる電流の過渡現象は次のとおりです.

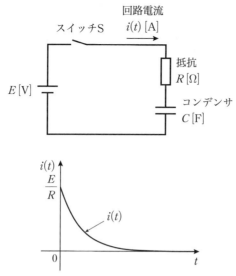

Sを閉じてからの回路に流れる電流の変化

　コンデンサの静電容量による容量性リアクタンスは，スイッチSを閉じた瞬間はゼロ，すなわち短絡状態と同様となり，電流は抵抗 R のみの回路に流れることと同様になり $\dfrac{E}{R}$ になります．十分時間が経過した定常状態に達すると，コンデンサの静電容量による容量性リアクタンスは無限大，すなわち開放状態と同様となり電流は流れません．

　要するにコンデンサの静電容量による容量性リアクタンスは，スイッチSを閉じて直流電源に接続するとゼロ⇒無限大に変化し，回路に流れる電流は $\dfrac{E}{R}$ ⇒ゼロに変化します．

03 単相交流回路

● 交流波形

　発電機の回転運動に由来して生み出される交流電力の電圧や電流は正弦波を示しており，正弦波に関する主な事項は次のとおりです．

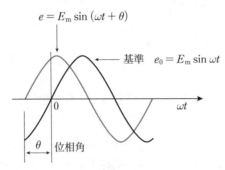

正弦波波形

　グラフ上の**左側**にある波形は，「右側にある波形に対して**位相が進んでいる**」といいます．

　グラフ上の**右側**にある波形は，「左側にある波形に対して**位相が遅れている**」といいます．

① 電圧の瞬時値

　電圧の瞬時値 e [V] は次式で表されます．

$$e = E_m \sin(\omega t + \theta) = \sqrt{2}E \sin(\omega t + \theta)$$

　E_m：電圧の最大値 [V]，E：電圧の実効値 [V]，ω：角速度 [rad/s]，t：時間 [s]，θ：位相角 [rad]

　最大値とは波形のピーク時の値を示します．実効値とは，**直流と同じ電力を発生する交流の電圧値**で，最大値との間には次の関係式が成り立ちます．また，特に断りがなければ，交流の定格電圧などの値は実効値で表記されます．

$$E_m = \sqrt{2}E$$

　また，瞬時値，最大値，実効値の関係は電流の正弦波に対しても同様の

278

関係があります．

② 角速度

　角速度とは角周波数ともいい，円運動における1秒間当たりの回転角度をいいます．回転角度の数値には弧度法で示した角度であるrad（ラジアン）が用いられます．rad（ラジアン）とは，円の中心角に対応する円弧の長さを半径で除した角度で定義され，度数法の360°は2π，180°はπに換算される角度をいいます．角速度は次式で表されます．

$$\omega = \frac{\phi}{t}$$　　ϕ：回転角度[rad]，t：時間[t]

　また角速度は周波数f[Hz]を用いて次式で表すことができます．周波数とは正弦波が1秒間に波打つ回数をいいます．

$$\omega = 2\pi f$$

③ 位相角

　位相角とは，ある正弦波の基準の正弦波に対する波形のズレを角度で表したものをいいます．

● 単相交流回路

1　コイル回路

　次の図のようなコイル回路に流れる電流I[A]は，次式で表されます．

$$I = \frac{E}{X_L} = \frac{E}{\omega L}$$

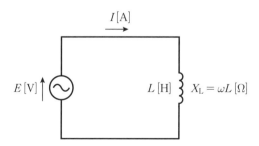

　また，回路に流れる電流は電源電圧より$\frac{\pi}{2}$[rad]だけ遅れます．グラフとベクトル図で示すと次のとおりです．

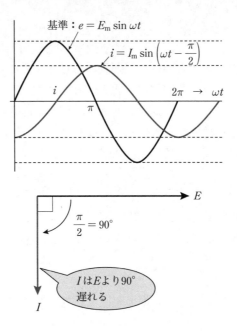

基準に対して**遅れている場合**は，基準に対して**時計方向**に描きます．

2　コンデンサ回路

次の図のようなコンデンサ回路に流れる電流$I\,[\mathrm{A}]$は，次式で表されます．

$$I = \frac{E}{X_\mathrm{C}} = \frac{E}{\dfrac{1}{\omega C}} = \omega C E$$

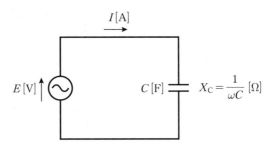

また，回路に流れる電流は電源電圧より$\dfrac{\pi}{2}\,[\mathrm{rad}]$だけ進みます．グラフとベクトル図で示すと次のとおりです．

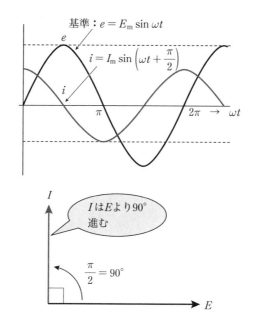

基準に対して**進んでいる場合**は，基準に対して**反時計方向**に描きます．

3 RLC 直列回路

次の図のような抵抗 R，コイル L，コンデンサ C の直列回路を RLC 直列回路といいます．RLC 直列回路に関する事項は次のとおりです．

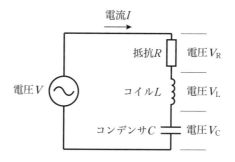

① インピーダンス

抵抗やそのほかの電気素子による**交流回路における電流の流れにくさ**をインピーダンスといいます．RLC 直列回路におけるインピーダンス Z [Ω] は次式で表されます．

$$Z = \sqrt{R^2 + (X_L - X_C)^2} \quad ただし X_L > X_C の場合$$

R：抵抗 [Ω]，X_L：コイルによる誘導性リアクタンス [Ω]，

X_C：コンデンサによる容量性リアクタンス〔Ω〕

② 電流

RLC 直列回路に流れる電流 I〔A〕は次式で表されます.

$$I = \frac{V}{Z}$$

③ 電圧

RLC 直列回路の電源電圧 V〔V〕は各部の電圧を用いて次式で表されます.

$$V = \sqrt{V_R^2 + (V_L - V_C)^2}\quad（ただし $V_L > V_C$ の場合）$$

V_R, V_L, V_C：各部の電圧〔V〕

④ 力率

RLC 直列回路の力率 $\cos\theta$ は次式で求めることができます.

$$\cos\theta = \frac{R}{Z}$$

⑤ 消費電力と熱量

RLC 直列回路の消費電力 P〔W〕は次式で求めることができます.

$$P = VI\cos\theta = I^2 R = \frac{V_R^2}{R}$$

また，時間 t〔s〕を用いて熱量 W〔J〕は次式で求めることができます.

$$W = Pt$$

4 RLC 並列回路

次の図のような抵抗 R, コイル L, コンデンサ C の並列回路を RLC 並列回路といいます. RLC 並列回路に関する事項は次のとおりです.

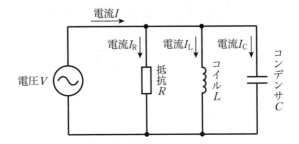

① インピーダンス

RLC 並列回路のインピーダンス Z〔Ω〕は次式で表されます.

$$Z = \cfrac{1}{\sqrt{\left(\cfrac{1}{R}\right)^2 + \left(\cfrac{1}{X_\mathrm{L}} - \cfrac{1}{X_\mathrm{C}}\right)^2}} \quad （ただし \ X_\mathrm{L} < X_\mathrm{C} \ の場合）$$

R：抵抗 [Ω]，X_L：コイルによる誘導性リアクタンス [Ω]，
X_C：コンデンサによる容量性リアクタンス [Ω]

② 電流

RLC 並列回路に流れる電流 I [A] は各部の電流を用いて次式で表されます．

$$I = \sqrt{I_\mathrm{R}{}^2 + (I_\mathrm{L} - I_\mathrm{C})^2} \quad （ただし \ I_\mathrm{L} > I_\mathrm{C} \ の場合）$$

$I_\mathrm{R}, I_\mathrm{L}, I_\mathrm{C}$：各部の電流[A]

なお，各部の電流は次式で表されます．

$$I_\mathrm{R} = \frac{V}{R}, \quad I_\mathrm{L} = \frac{V}{X_\mathrm{L}}, \quad I_\mathrm{C} = \frac{V}{X_\mathrm{C}}$$

③ 電圧

RLC 並列回路の電源ならびに各部にかかる電圧 V [V] は次式で表されます．

$$V = IZ$$

④ 力率

RLC 並列回路の力率 $\cos\theta$ は次式で求めることができます．

$$\cos\theta = \frac{I_\mathrm{R}}{I}$$

⑤ 消費電力と熱量

RLC 並列回路の消費電力 P [W] は次式で求めることができます．

$$P = VI\cos\theta = I_\mathrm{R}{}^2 R = \frac{V^2}{R}$$

また，時間 t [s] を用いて熱量 W [J] は次式で求めることができます．

$$W = Pt$$

04 三相交流回路

● 三相結線

1 Y結線の電圧，電流，電力

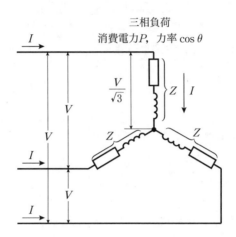

三相負荷
消費電力P，力率$\cos \theta$

① Y結線の電圧

Y結線の負荷の各線の間の電圧を線間電圧，各相の中性点と各線の電圧を相電圧といいます．線間電圧を V [V] とすると**相電圧は $\dfrac{V}{\sqrt{3}}$ [V]** になります．

② Y結線の電流

Y結線の負荷の各線に流れる電流を線電流，各相のインピーダンスに流れる電流を相電流といいます．線電流を I [A] とすると相電流は I [A] になります．すなわち**線電流と相電流は等しく**なります．また，線電流，相電流 I [A] は，各相にオームの法則を適用して，相電圧 V [V] と各相のインピーダンス Z [Ω] より次式で求めることができます．

$$I = \frac{\frac{V}{\sqrt{3}}}{Z} = \frac{V}{\sqrt{3}Z}$$

③ Y結線の三相電力

Y結線の負荷の三相電力は，各相の電力（相電圧×相電流×力率）を3倍して求めることができます．したがって，三相電力 P [W] は次式で表されます．

$$P = 3 \times \frac{V}{\sqrt{3}} \times I \times \cos\theta = \sqrt{3}\,VI\cos\theta$$

Y結線の三相電力は**線間電圧×線電流×力率を$\sqrt{3}$倍**したものになります．

2 Δ結線の電圧，電流，電力

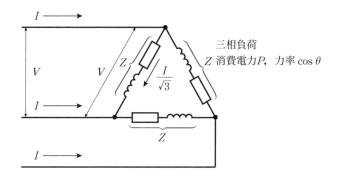

① Δ結線の電圧

Δ結線の負荷の各線の間の電圧である線間電圧を V [V] とすると，Δ結線の各相の電圧（三角形の各辺の電圧）である相電圧は V [V] になります．すなわち**線間電圧と相電圧は等しく**なります．

② Δ結線の電流

Δ結線の負荷の各線に流れる電流である線電流を I [A] とすると，Δ結線の各相のインピーダンスに流れる電流（三角形の各辺に流れる電流）である**相電流は$\frac{I}{\sqrt{3}}$** [A] になります．また，線電流 I [A] は，各相にオームの法則を適用して，相電圧 V [V] と各相のインピーダンス Z [Ω] より次式で求めることができます．

$$\frac{I}{\sqrt{3}} = \frac{V}{Z}$$

$$I = \frac{\sqrt{3}V}{Z}$$

③　△結線の三相電力

　△結線の負荷の三相電力は，各相の電力（相電圧×相電流×力率）を3倍して求めることができます．したがって，三相電力 P［W］は次式で表されます．

$$P = 3 \times V \times \frac{I}{\sqrt{3}} \times \cos\theta = \sqrt{3}\,VI\cos\theta$$

　△結線の三相電力は，Y結線と同様に**線間電圧×線電流×力率を$\sqrt{3}$倍**したものになります．

3　△–Y 等価変換

　△–Y等価変換とは，△結線をY結線に，電気回路としての性質を変えることなく，結線換えすることをいいます．次の図のように各相のインピーダンスを$\frac{1}{3}$**倍**することにより，△結線をY結線に結線換えすることができます．

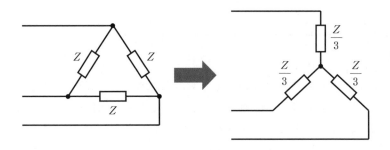

　また，各相のインピーダンスの成分である抵抗，リアクタンスについても$\frac{1}{3}$倍することにより，△結線をY結線に等価変換することが可能です．逆に，Y結線を△結線に等価変換する場合は，各相のインピーダンス，抵抗またはリアクタンスを**3倍**にすれば，等価変換可能です．

4　Y結線と△結線の1線断線時の回路

①　Y結線の1線断線時の回路

Y 結線の抵抗負荷が 1 線断線したときの回路は次のとおりです.

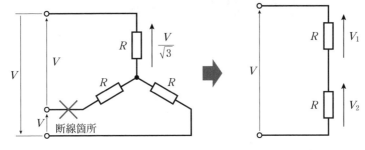

② Δ 結線の 1 線断線時の回路

Δ 結線の抵抗負荷が 1 線断線したときの回路は次のとおりです.

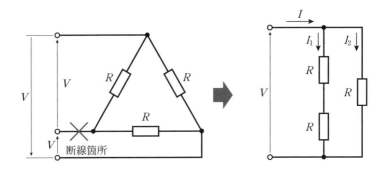

◎過去問で実力チェック！

Q-1

図のように，空気中に距離 r [m] 離れて，2つの点電荷 $+Q$ [C] と$-Q$ [C] があるとき，これらの点電荷間に働く力 F [N] は．

イ．$\dfrac{Q}{r^2}$ に比例する　　ロ．$\dfrac{Q}{r}$ に比例する

ハ．$\dfrac{Q^2}{r^2}$ に比例する　　ニ．$\dfrac{Q^3}{r}$ に比例する

解説　空気中に2つの点電荷 Q [C] がある場合，点電荷間に働く力 F [N] は**クーロンの法則**により次式が成り立ちます．

$$F = 9.0 \times 10^9 \times \frac{Q_1 Q_2}{r^2} \ [\text{N}]$$

設問では $Q_1 = Q_2 = Q$ であるため次式で表されます．

$$F = 9.0 \times 10^9 \times \frac{Q^2}{r^2} \ [\text{N}]$$

したがって，点電荷間に働く力 F [N] は $\dfrac{Q^2}{r^2}$ **に比例**します．

答え　ハ

Q-2

図のような直流回路において，電流計に流れる電流 [A] は．

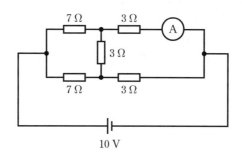

イ．0.1　　ロ．0.5　　ハ．1.0　　ニ．2.0

解説 次の図のようにR_1, R_2, R_3, R_4, R_5 [Ω] とすると次式が成り立ちます.

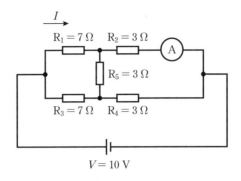

$$R_1 R_4 = 7 \times 3 = 21 \, \Omega$$
$$R_2 R_3 = 3 \times 7 = 21 \, \Omega$$
$$R_1 R_4 = R_2 R_3$$

上式が成り立つときブリッジ回路が平衡し R_5 [Ω] には電流は流れません. R_5 [Ω] に電流は流れないので,電流計に流れる電流 I [A] の値は次のように求められます.

$$I = \frac{V}{R_1 + R_2} = \frac{10}{10} = 1 \, \text{A}$$

答え　ハ

Q-3

図のような交流回路において,抵抗 $12 \, \Omega$,リアクタンス $16 \, \Omega$,電源電圧は $96 \, \text{V}$ である.この回路の皮相電力 [V·A] は.

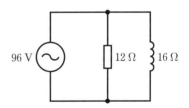

イ. 576　　ロ. 768

ハ. 960　　ニ. 1 344

解説 抵抗 R [Ω] に流れる電流を I_R [A] とすると次のように求められます.

$$I_R = \frac{V}{R} = \frac{96}{12} = 8 \, \text{A}$$

リアクタンス X_L に流れる電流を I_L [A] とすると,次のように求められます.

$$I_{\mathrm{L}} = \frac{V}{X_{\mathrm{L}}} = \frac{96}{16} = 6 \ \mathrm{A}$$

回路全体に流れる電流 I [A] は次のように求められます.

$$I = \sqrt{I_{\mathrm{R}}^2 + I_{\mathrm{L}}^2} = \sqrt{8^2 + 6^2} = 10 \ \mathrm{A}$$

皮相電力 S [V·A] は次のように求められます.

$$S = VI = 96 \times 10 = 960 \ \mathrm{V \cdot A}$$

答え　八

Q-4

図のような三相交流回路において，電源電圧は 200 V，抵抗は 8 Ω，リアクタンスは 6 Ω である．この回路に関して誤っているものは.

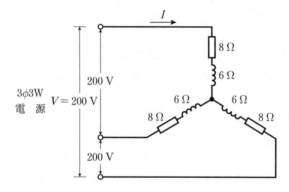

イ．1 相当たりのインピーダンスは，10 Ω である.

ロ．線電流 I は，10 A である.

ハ．回路の消費電力は，3 200 W である.

ニ．回路の無効電力は，2 400 var である.

解説　**イ**　1 相当たりのインピーダンス Z [Ω] は抵抗を R [Ω]，リアクタンスを X [Ω] とすると次のように求められます.

$$Z = \sqrt{R^2 + X^2} = \sqrt{8^2 + 6^2} = \sqrt{100} = 10 \ \Omega$$

∴　**イ**は正しいです.

ロ　線間電圧を V [V]，相電圧を V_{P} [V] とすると次式の関係となります.

$$V = \sqrt{3} \ V_{\mathrm{P}} \ [\mathrm{V}]$$

相電圧 V_{P} [V] は次のように求められます.

$$V_P = \frac{V}{\sqrt{3}} = \frac{200}{\sqrt{3}} \ [\text{V}]$$

1 相分の電流を I_P [A] とすると次のように求められます.

$$I_P = \frac{V_P}{Z} = \frac{\dfrac{200}{\sqrt{3}}}{10} = \frac{20}{\sqrt{3}} \ \text{A}$$

Y 結線では相電流 I_P [A] と線電流 I [A] は等しくなるので線電流は次式で求められます.

$$I_P = I = \frac{20}{\sqrt{3}} \fallingdotseq 11.6 \ \text{A}$$

∴　ロは誤りです.

ハ　回路の消費電力 P [W] は次のように求められます.

$$P = 3I^2 R = 3 \times \left(\frac{20}{\sqrt{3}}\right)^2 \times 8 = 3 \times \frac{400}{3} \times 8 = 3\,200 \ \text{W}$$

∴　ハは正しいです.

ニ　回路の無効電力 Q [var] は次のように求められます.

$$Q = 3I^2 X_L = 3 \times \left(\frac{20}{\sqrt{3}}\right)^2 \times 6 = 3 \times \frac{400}{3} \times 6 = 2\,400 \ \text{var}$$

∴　ニは正しいです.

答え　ロ

Q-5

図のような交流回路において,電流 $I = 10$ A,抵抗 R における消費電力は 800 W,誘導性リアクタンス $X_L = 16$ Ω,容量性リアクタンス $X_C = 10$ Ω である.この回路の電源電圧 V [V] は.

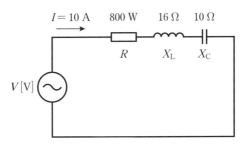

イ. 80　　ロ. 100　　ハ. 120　　ニ. 200

解説　抵抗 R $[\Omega]$ は，消費電力を P $[W]$ とすると次のように求められます．

$$P = I^2R \ [W]$$

$$R = \frac{P}{I^2} = \frac{800}{10^2} = 8\ \Omega$$

回路のインピーダンス Z $[\Omega]$ は次のように求められます．

$$Z = \sqrt{R^2 + (X_L - X_C)^2} = \sqrt{8^2 + (16-10)^2} = \sqrt{100} = 10\ \Omega$$

回路の電源電圧 V $[V]$ は次のように求められる．

$$V = IZ = 10 \times 10 = 100\ V$$

答え　ロ

Q-6

図のように，巻数 n のコイルに周波数 f の交流電圧 V を加え，電流 I を流す場合に，電流 I に関する説明として，誤っているものは．

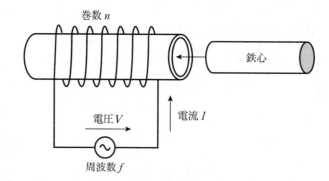

イ．巻数 n を増加すると，電流 I は減少する．

ロ．コイルに鉄心を入れると，電流 I は減少する．

ハ．周波数 f を高くすると，電流 I は増加する．

ニ．電圧 V を上げると，電流 I は増加する．

解説　ハ　コイルの自己インダクタンス L $[H]$，誘導性リアクタンス X_L $[\Omega]$，周波数 f $[Hz]$ の関係は次のとおりです．

$$X_L = 2\pi fL \ [\Omega]$$

電流 I $[A]$，電圧 V $[V]$，誘導性リアクタンス X_L $[\Omega]$ の関係は次式で表されます．

$$I = \frac{V}{X_\mathrm{L}} = \frac{V}{2\pi fL} \ [\mathrm{A}]$$

したがって，周波数 f [Hz] を高くすると，電流 I [A] は減少します．

イ　巻数 n を増加すると，自己インダクタンス L [H] は増加し，電流 I [A] は減少します．

ロ　コイルに鉄心を入れると，自己インダクタンス L [H] は増加し，電流 I [A] は減少します．

ニ　電圧 V [V] を上げると，電流 I [A] は増加します．

答え　八

Q-7

図のように，面積 A の平板電極間に，厚さが d で誘電率 ε の絶縁物が入っている平行平板コンデンサがあり，直流電圧 V が加わっている．このコンデンサの静電エネルギーに関する記述として，正しいものは．

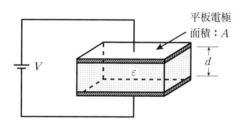

平板電極
面積：A

ε

d

V

イ．電圧 V の2乗に比例する．

ロ．電極の面積 A に反比例する．

ハ．電極間の距離 d に比例する．

ニ．誘電率 ε に反比例する．

解説　コンデンサの静電容量 C [F] は次式で表されます．

$$C = \varepsilon \frac{A}{d} \ [\mathrm{F}]$$

またコンデンサの静電エネルギー W [C] は次式で表されます．

$$W = \frac{1}{2} CV^2 \ [\mathrm{J}]$$

イ　静電エネルギーは電圧の2乗に比例します．

ロ　静電エネルギーは静電容量に比例し，静電容量は電極の面積に比例するので，静電エネルギーは電極の面積に比例します．

ハ　静電エネルギーは静電容量に比例し，静電容量は電極間の距離に反比例するので，静電エネルギーは電極間の距離に**反比例**します．

ニ　静電エネルギーは静電容量に比例し，静電容量は誘電率に比例するので，静電エネルギーは誘電率に**比例**します．

答え　イ

Q-8

図のような直流回路において，抵抗 $R = 3.4\,\Omega$ に流れる電流が $30\,\mathrm{A}$ であるとき，図中の電流 $I_1\,[\mathrm{A}]$ は．

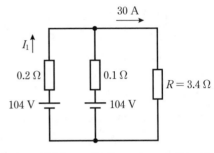

イ．5　　ロ．10

ハ．20　　ニ．30

解説　次の図おいて，抵抗 $R\,[\Omega]$ に加わる電圧 $V_\mathrm{R}\,[\mathrm{V}]$ は次のように求められます．

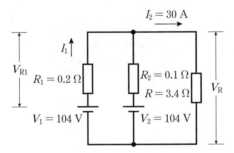

$$V_\mathrm{R} = I_2 R = 30 \times 3.4 = 102\,\mathrm{V}$$

$R_1\,[\Omega]$ に加わる電圧 $V_\mathrm{R1}\,[\mathrm{V}]$ は次のように求められます．

$$V_\mathrm{R1} = V_1 - V_\mathrm{R} = 104 - 102 = 2\,\mathrm{V}$$

電流 $I_1\,[\mathrm{A}]$ は次のように求められます．

$$I_1 = \frac{V_\mathrm{R1}}{R_1} = \frac{2}{0.2} = 10\,\mathrm{A}$$

答え　ロ

Q-9

図のような三相交流回路において，電源電圧は $V\,[\mathrm{V}]$，抵抗 $4\,\Omega$，誘導性リアクタンスは $3\,\Omega$ である．回路の全皮相電力 $[\mathrm{V \cdot A}]$ を示す式は．

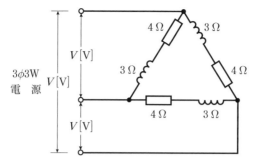

イ. $\dfrac{V}{5}$ ロ. $\dfrac{3V^2}{5}$ ハ. $\dfrac{9V^2}{25}$ ニ. $\dfrac{12V^2}{25}$

解説　1相分のインピーダンス Z［Ω］は次のように求められます.

$$Z = \sqrt{R^2 + X^2} = \sqrt{4^2 + 3^2} = \sqrt{25} = 5\,\Omega$$

Δ結線において線間電圧 V［V］と相電圧 V_P［V］は等しいので次式で表されます.

$$V = V_P \ [\text{V}]$$

各相の相電流 I［A］は次のように求められます.

$$I = \dfrac{V_P}{Z} = \dfrac{V}{5} \ [\text{A}]$$

回路の全皮相電力 S［V・A］は次のように求められます.

$$S = 3V_P I = 3 \times V \times \dfrac{V}{5} = \dfrac{3V^2}{5} \ [\text{V·A}]$$

答え　ロ

Q-10

電線の抵抗値に関する記述として, 誤っているものは.

イ. 周囲温度が上昇すると, 電線の抵抗値は小さくなる.

ロ. 抵抗値は, 電線の長さに比例し, 導体の断面積に反比例する.

ハ. 電線の長さと導体の断面積が同じ場合, アルミニウム電線の抵抗値は, 軟銅線の抵抗値より大きい.

ニ. 軟銅線では, 電線の長さと断面積が同じであれば, より線も単線も抵抗値はほぼ同じである.

解説　周囲温度が上昇すると, 電線の抵抗値は大きくなります.

答え　イ

第**13**章

配電理論・配電設計

01 電圧降下と電力損失

● 単相2線式配電線路の電圧降下と電力損失

　次の図に示す単相2線式配電線路の電圧降下と電力損失は次のとおりです.

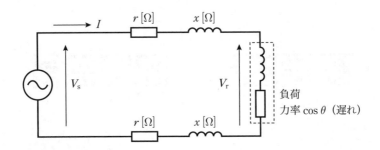

V_{s}：送電端電圧 [V]，V_{r}：受電端電圧 [V]，I：線路電流 [A]，
r：1線当たりの抵抗 [Ω]，x：1線当たりのリアクタンス [Ω]，
負荷の力率：$\cos\theta$

1　電圧降下 v [V]

$$v = V_{\mathrm{s}} - V_{\mathrm{r}} = 2I(r\cos\theta + x\sin\theta)\quad[\mathrm{V}]$$

　また，$\sin\theta$ は力率 $\cos\theta$ より次式で算定します.

$$\sin\theta = \sqrt{1 - \cos^2\theta}$$

2　電力損失 P_{L} [W]

$$P_{\mathrm{L}} = 2I^2 r\quad[\mathrm{W}]$$

● 単相3線式配電線路（平衡状態）の電圧降下と電力損失

　次の図に示す単相3線式配電線路が平衡状態のときの電圧降下と電力損失は次のとおりです.

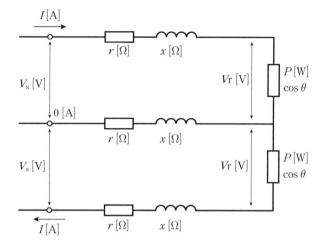

V_s：送電端電圧 [V]，V_r：受電端電圧 [V]，I：線路電流 [A]，
r：1線当たりの抵抗 [Ω]，x：1線当たりのリアクタンス [Ω]
$\cos\theta$：力率

1　電圧降下 v [V]

　単相3線式配電線路が平衡状態のとき中性線に流れる電流は0となり，中性線には電圧降下が発生しないので，電圧降下は次式で表されます．

$$v = V_\mathrm{s} - V_\mathrm{r} = I(r\cos\theta + x\sin\theta) \quad [\mathrm{V}]$$

2　電力損失 P_L [W]

　単相3線式配電線路が平衡状態のとき中性線に流れる電流は0となり，中性線には電力損失は発生しないので，電力損失は次式で表されます．

$$P_\mathrm{L} = 2I^2r \quad [\mathrm{W}]$$

● 三相3線式配電線路の電圧降下と電力損失

　次の図に示す三相3線式配電線路の電圧降下と電力損失は次のとおりです．

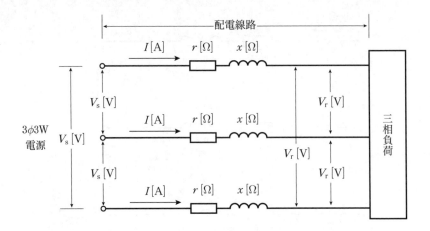

V_s：送電端電圧［V］，V_r：受電端電圧［V］，I：線路電流［A］，
r：1線当たりの抵抗［Ω］，x：1線当たりのリアクタンス［Ω］，
負荷の力率：$\cos\theta$

1　電圧降下 v［V］

$$v = V_\mathrm{s} - V_\mathrm{r} = \sqrt{3}\,I(r\cos\theta + x\sin\theta) \quad [\mathrm{V}]$$

2　電力損失 P_L［W］

$$P_\mathrm{L} = 3I^2r \quad [\mathrm{W}]$$

● 並列負荷の配電線路の末端の電圧

　次の単線図で示された配電線路の末端の負荷の電圧は，次のように求めることができます．

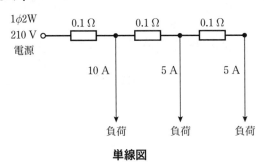

単線図

　単線図を複線図に書き換えると次のとおりです．

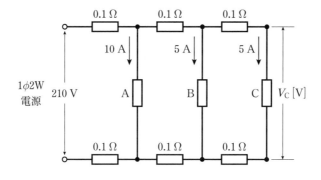

配電線路の各部に流れる電流は次のとおりです.

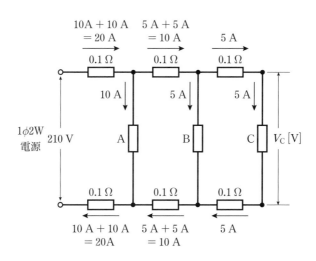

電源から負荷 C までの電圧降下 v [V] は次式で求まります.

$$v = 20 \times 0.1 + 10 \times 0.1 + 5 \times 0.1 + 5 \times 0.1 + 10 \times 0.1 + 20 \times 0.1$$
$$= 2 \times (20 \times 0.1 + 10 \times 0.1 + 5 \times 0.1) = 2 \times (2 + 1 + 0.5) = 2 \times 3.5 = 7 \text{ V}$$

したがって,C の負荷の電圧 V_C [V] は次式で求まります.

$$V_C = 210 - 7 = 203 \text{ V}$$

02 交流電力と力率改善

● 交流電力

　交流の電力には，皮相電力，有効電力，無効電力があります．**皮相電力**とは，電圧×電流から導き出される見かけ上の電力という意味で，単位は[**V・A**]（**ボルトアンペア**）で表されます．**有効電力**とは，電力として有効に消費できる電力という意味で，単位は[**W**]（**ワット**）で表されます．**特に断りがなく電力，または消費電力と示された場合は有効電力を表します**．**無効電力**とは，電力として有効に消費できない電力で，単位は[var]（バール）で表します．皮相電力，有効電力，無効電力，力率の関係は次のとおりです．

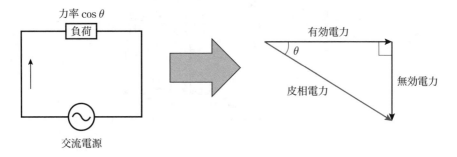

1　単相交流負荷の皮相電力，有効電力，無効電力，力率

　単相交流負荷の皮相電力，有効電力，無効電力，力率には次の関係が成り立ちます．

$$S = VI \quad [\text{V·A}]$$

$$P = VI \cos \theta \quad [\text{W}]$$

$$Q = VI \sin \theta \quad [\text{var}]$$

$$S^2 = P^2 + Q^2$$

$$\cos \theta = \frac{P}{S}$$

S：皮相電力[V·A]，P：有効電力[W]，Q：無効電力[var]，

$\cos\theta$：力率，$\sin\theta$：無効率，V：線間電圧 [V]，I：線電流 [A]

2　三相交流負荷の皮相電力，有効電力，無効電力，力率

三相交流負荷の皮相電力，有効電力，無効電力，力率には次の関係が成り立ちます．

$$S = \sqrt{3}\, VI \quad [\text{V·A}]$$

$$P = \sqrt{3}\, VI \cos\theta \quad [\text{W}]$$

$$Q = \sqrt{3}\, VI \sin\theta \quad [\text{var}]$$

$$S^2 = P^2 + Q^2$$

$$\cos\theta = \frac{P}{S}$$

S：皮相電力 [V·A]，P：有効電力 [W]，Q：無効電力 [var]，$\cos\theta$：力率，$\sin\theta$：無効率，V：線間電圧 [V]，I：線電流 [A]

■ 交流負荷の力率改善

交流負荷の力率改善とは，一般に遅れ力率の負荷に進み力率である**コンデンサを並列に接続**して，**力率を最大値である1に近づける**ことをいいます．力率が改善，すなわち1に近づくと，無効電力が減少して**線電流が減少**し，それに伴って**電圧降下と電力損失を低減**することが可能です．

1　力率改善するために必要なコンデンサ容量

次の図のように有効電力 P [W] の負荷にコンデンサを並列に接続し，負荷の力率を $\cos\theta_1$ から $\cos\theta_2$ に改善するときのコンデンサ容量 Q [var] は次式で表されます．

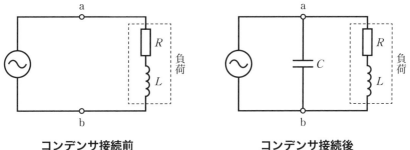

コンデンサ接続前　　　　　　　　コンデンサ接続後

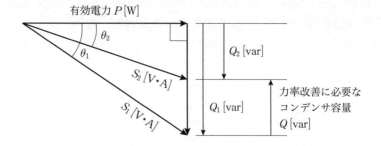

有効電力 P [W]

θ_2

θ_1

S_2 [V·A]

S_1 [V·A]

Q_2 [var]

Q_1 [var]

力率改善に必要な
コンデンサ容量
Q [var]

$$Q = Q_1 - Q_2 = P\tan\theta_1 - P\tan\theta_2 = P(\tan\theta_1 - \tan\theta_2) \quad [\mathrm{var}]$$

$\tan\theta = \dfrac{\sin\theta}{\cos\theta}$ であるので次式で表されます.

$$Q = P\left(\frac{\sin\theta_1}{\cos\theta_1} - \frac{\sin\theta_2}{\cos\theta_2}\right) \quad [\mathrm{var}]$$

また電力損失を最小にするため**力率を** 1（$100\,\%$）**に改善**しようとする場合は，$\cos\theta_2 = 1$，$\sin\theta_2 = 0$ となるため，次式で表されます.

$$Q = P\left(\frac{\sin\theta_1}{\cos\theta_1} - \frac{\sin\theta_2}{\cos\theta_2}\right) = P\left(\frac{\sin\theta_1}{\cos\theta_1} - \frac{0}{1}\right) = P\left(\frac{\sin\theta_1}{\cos\theta_1}\right) = P\tan\theta_1 \quad [\mathrm{var}]$$

2　直列リアクトルを設けた進相コンデンサの無効電力

次の図のような三相回路に直列リアクトルを設けた進相コンデンサの無効電力は次式で表されます.

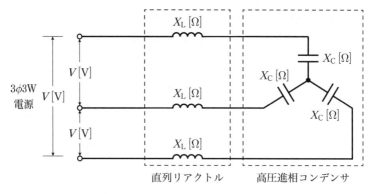

$3\phi3W$
電源

V [V]

V [V]

V [V]

V [V]

X_L [Ω]

X_L [Ω]

X_L [Ω]

X_C [Ω]

X_C [Ω]

X_C [Ω]

直列リアクトル　　　　高圧進相コンデンサ

条件：$X_\mathrm{L} < X_\mathrm{C}$

1相分のリアクタンスを X [Ω] とすると，$X_\mathrm{L} < X_\mathrm{C}$ の条件から次式で表されます.

$$X = X_\mathrm{C} - X_\mathrm{L} \quad [\Omega] \tag{①}$$

線電流を I [A] とすると次式で表されます.

$$I = \frac{V}{\sqrt{3}} \div X = \frac{V}{\sqrt{3}\,X} \quad [\mathrm{A}] \tag{②}$$

三相の無効電力を Q [var] とすると次式で表されます.

$$Q = 3I^2 X \quad [\mathrm{var}] \tag{③}$$

③式に①，②式を代入すると次式のとおりです.

$$Q = 3 \times \left(\frac{V}{\sqrt{3}\,X}\right)^2 \times X = 3 \times \frac{V^2}{3X^2} \times X = \frac{V^2}{X} = \frac{V^2}{X_{\mathrm{C}} - X_{\mathrm{L}}} \quad [\mathrm{var}]$$

03 単相3線式電路

■ 電線1線当たりの電力

単相3線式電路については，次のような単相2線式電路との1線当たりの供給電力を比較する問題が出題されています．

【例題】

図aのような単相3線式電路と，図bのような単相2線式電路がある．図aの電線1線当たりの供給電力は，図bの電線1線当たりの供給電力の何倍か．

ただし，Rは定格電圧 V [V] の抵抗負荷であるとする．

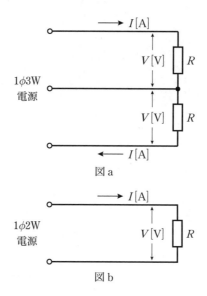

図a

図b

【解説】

図aの単相3線式電路の1線当たりの供給電力 P_3 [W] は次式で表されます．

$$P_3 = \frac{2I^2R}{3} \quad [\text{W}]$$

図bの単相2線式電路の1線当たりの供給電力 P_2〔W〕は次式で表されます。

$$P_2 = \frac{I^2 R}{2} \quad 〔\mathrm{W}〕$$

　したがって、図bの単相2線式電路の1線当たりの供給電力に対する図aの単相3線式電路の1線当たりの供給電力は次式で表されます。

$$\frac{P_3}{P_2} = \frac{2I^2 R}{3} \div \frac{I^2 R}{2} = \frac{2I^2 R}{3} \times \frac{2}{I^2 R} = \frac{4}{3} 倍$$

● 断線時の電圧

　単相3線式電路については、次のような中性線が断線したときの負荷に加わる電圧が出題されています。

【例題】

　図のような単相3線式電路（電源電圧 210/105 V）において、抵抗負荷 A 50 Ω, B 25 Ω, C 20 Ω を使用中に、図中の ✖ 印点 P で中性線が断線した。断線後の抵抗負荷 A に加わる電圧〔V〕は。

　ただし、どの配線用遮断器も動作しなかったとする。

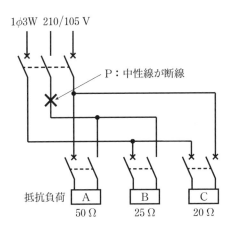

1φ3W　210/105 V

P：中性線が断線

抵抗負荷　A　B　C
50 Ω　25 Ω　20 Ω

【解説】

　断線前の回路を書き換えると次のとおりです。

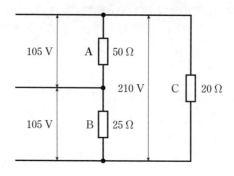

　書き換えた回路の断線後は次のとおりです．直列に接続されたＡとＢの抵抗負荷に 210 V がかかっている状態です．

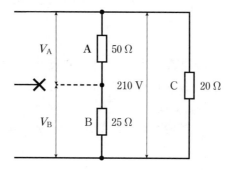

　断線後の抵抗負荷 A にかかる電圧 V_A ［V］と抵抗負荷 B にかかる電圧 V_B ［V］は次式で求まります．

$$V_A = \frac{50}{50 + 25} \times 210 = \frac{50}{75} \times 210 = \frac{2}{3} \times 210 = 140 \text{ V}$$

$$V_B = \frac{25}{50 + 25} \times 210 = \frac{25}{75} \times 210 = \frac{1}{3} \times 210 = 70 \text{ V}$$

または，

$$V_B = 210 - V_A = 210 - 140 = 70 \text{ V}$$

したがって，断線後に抵抗負荷 A にかかる電圧は 140 V です．

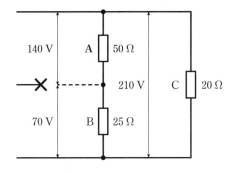

　このように単相3線式電路の中性線が断線すると，定格電圧以上の電圧がかかって機器が損傷する場合があります．

04 変圧器の電圧・電流・損失・負荷

■ 単相変圧器の電圧・電流

単相変圧器の入力，出力，変圧比

単相変圧器の入力 P_1 [V・A] と出力 P_2 [V・A] の関係は，損失を無視すると次式で表されます．

$P_1 = P_2$

また入力 P_1 [V・A] と出力 P_2 [V・A] はそれぞれ次式で表されます．

$P_1 = V_1 I_1, \quad P_2 = V_2 I_2$

ただし，V_1 [V]：1次電圧，I_1 [A]：1次電流，V_2 [V]：2次電圧，I_2 [A]：2次電流

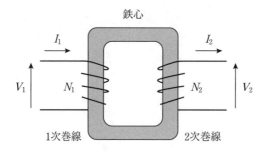

したがって，1次電圧，1次電流，2次電圧，2次電流の間には次式が成り立ちます．

$V_1 I_1 = V_2 I_2$

また，1次電圧と2次電圧の比を変圧比といい，変圧比 a は次式で表されます．

$a = \dfrac{V_1}{V_2}$

【例題】（2次電圧を求める問題）

　図のように，単相変圧器の2次側に 20 Ω の抵抗を接続して，1次側に 2 000 V の電圧を加えたら1次側に1 A の電流が流れた．このときの単相変圧器の2次電圧 V_2 [V] は．

　ただし，巻線の抵抗や損失を無視するものとする．

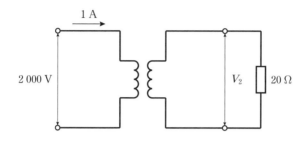

【解説】

　2次電流を I_2 [A] とすると，変圧器の入力 = 変圧器の出力より次式が成り立ちます．

$$2\,000 \times 1 = I_2{}^2 \times 20$$

$$I_2{}^2 = 100$$

$$I_2 = 10 \text{ A}$$

したがって V_2 [V] は次式で求まります．

$$V_2 = I_2 \times 20 = 10 \times 20 = 200 \text{ V}$$

【例題】（1次電流を求める問題）

　図のような単相3線式回路で，抵抗負荷 R_1 には 40 A，抵抗負荷 R_2 には 20 A の電流が流れている．変圧器の一次側に流れる電流 I の値 [A] は．

　ただし，変圧器の励磁電流と損失は無視するものとする．

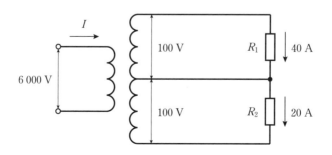

【解説】

変圧器の入力 = 変圧器の出力より次式が成り立ちます.

$6\,000 \times I = 100 \times 40 + 100 \times 20$

$6\,000I = 4\,000 + 2\,000$

$6\,000I = 6\,000$

$I = 1\,\text{A}$

【例題】（単相3線式変圧器の1次電流を求める問題）

図のような配電線路において，変圧器の1次電流 $I\,[\text{A}]$ は.

ただし，負荷はすべて抵抗負荷とし，変圧器と配電線路の損失および変圧器の励磁電流は無視するものとする.

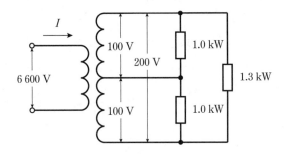

2次側の負荷は抵抗負荷で力率1なので有効電力 = 皮相電力となり，各負荷は次のように換算されます.

$1.0\,\text{kW} \rightarrow 1\,000\,\text{V·A}, \quad 1.3\,\text{kW} \rightarrow 1\,300\,\text{V·A}$

次に，変圧器の入力 = 変圧器の出力より次式が成り立ちます.

$6\,600 \times I = 1\,000 + 1\,000 + 1\,300$

$6\,600I = 3\,300$

$I = 0.5\,\text{A}$

【例題】（変圧比から2次電圧の変化を求める問題）

定格2次電圧が210Vの配電用変圧器がある．変圧器の1次タップ電圧が6600Vのとき，2次電圧は200Vであった．1次タップ電圧を6300Vに変更すると，2次電圧の変化は.

ただし，1次側の供給電圧は変わらないものとする.

【解説】

タップ切換前の変圧比 a_1 は次のとおりです.

$$a_1 = \frac{6\,600}{210}$$

1次電圧 V_1 [V] は次式で求まります.

$$V_1 = 200 \times \frac{6\,600}{210} \fallingdotseq 6\,290 \text{ V}$$

タップ切換後の変圧比 a_2 は次のとおりです.

$$a_2 = \frac{6\,300}{210}$$

タップ切換後の2次電圧 V_2 [V] は次式で求まります.

$$6\,290 = V_2 \times \frac{6\,300}{210} \fallingdotseq 210 \text{ V}$$

したがって,200 V → 210 V と約 10 V 上昇する.

【例題】(変圧器の1次側に接地された変流器の2次側に流れる電流)

図のように,変圧比が 6 300/210 V の単相変圧器の2次側に抵抗負荷が接続され,その負荷電流は 300 A であった.このとき,変圧器の1次側に設置された変流器の2次側に流れる電流 I [A] は.

ただし変流器の変流比は 20/5 A とし,負荷抵抗以外のインピーダンスは無視する.

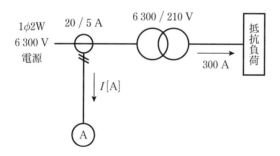

【解説】

変圧器の1次側の電流を I_1 [A] とすると,変圧器の入力 = 変圧器の出力より次式が成り立ち,変圧器の1次側の電流が求まります.

$$6\,300 \times I_1 = 210 \times 300$$

$$I_1 = \frac{210 \times 300}{6\,300} = \frac{63\,000}{6\,300} = 10\text{ A}$$

変流器の変流比より次式が成り立ち，変流器の2次側電流Iが求まります．

$$\frac{20}{5} = \frac{10}{I}$$

$$I = \frac{10 \times 5}{20} = 2.5\text{ A}$$

■ 変圧器の損失・負荷

1 変圧器の損失

変圧器の主な損失は次のとおりです．

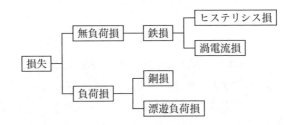

変圧器の損失に関する事項は次のとおりです．

❶変圧器の損失は**無負荷損**と**負荷損**に大別される．

❷無負荷損の大部分は**鉄損**で，鉄損には**ヒステリシス損**と**渦電流損**がある．

❸鉄損は出力，負荷電流にかかわらず**一定**．

❹鉄損は周波数が高くなると**減少する**．

❺鉄損は**一次電圧**が高くなると**増加する**．

❻銅損は出力，負荷電流の2乗に比例し，負荷電流が2倍になると銅損は$2^2 = 4$倍になる．

❼**銅損＝鉄損**のとき変圧器の**効率が最大**となる．

鉄損，銅損と出力の関係は次のグラフで示されます．

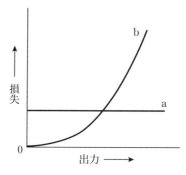

a：鉄損　b：銅損

2　変圧器の負荷

変圧器の負荷に関しては次のような問題が出題されています．

【例題】

ある変圧器の負荷は，有効電力 90 kW，無効電力 120 kvar，力率は 60 %（遅れ）である．いま，ここに有効電力 70 kW，力率 100 %の負荷を増設した場合，この変圧器にかかる負荷の容量 ［kV・A］ は．

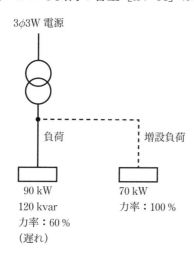

【解説】

変圧器が負担する有効電力と無効電力は次の表のとおりです．

	有効電力 [kW]	無効電力 [kvar]
既存負荷	90	120
増設負荷	70	0
合計	160	120

　したがって，変圧器の負荷 S [kV・A]，すなわち皮相電力は次式で求まります．

$$S^2 = 160^2 + 120^2 = 25\,600 + 14\,400 = 40\,000$$

$$S = \sqrt{40\,000} = \sqrt{200^2} = 200 \text{ kV・A}$$

05 異常現象（短絡・地絡）

● 短絡

1 短絡電流と百分率インピーダンス

① 三相短絡電流

三相短絡電流とは，**三相が短絡したときに事故点に流れる電流**をいいます．三相短絡電流 I_s [A] は次式で表されます．

$$I_s = \frac{V_n}{\sqrt{3}} \times \frac{1}{Z} = \frac{V_n}{\sqrt{3}\,Z} \text{[A]}$$

V_n：定格電圧 [V]，Z：1 相当たりのインピーダンス [Ω]

なお，三相短絡電流は大電流になるので，一般に，[kA] などの単位で表されます．

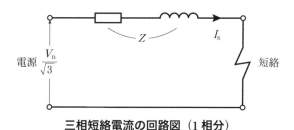

三相短絡電流の回路図（1 相分）

② 百分率インピーダンス

百分率インピーダンス $\%Z$ [%] とは，**定格電圧 V_n に対する定格電流が流れたときのインピーダンスによる電圧降下（インピーダンス降下）の百分率**です．三相電路の百分率インピーダンスは次式のとおりです．

$$\%Z = \frac{\sqrt{3}\,I_n Z}{V_n} \times 100 \text{[%]}$$

I_n：定格電流 [A]，V_n：定格電圧 [V]，

Z：1 相当たりのインピーダンス [Ω]

定格電流，定格電圧は，それぞれ基準電流，基準電圧と表記する場合もあります．

2　三相短絡容量と三相短絡電流

　三相電路において短絡事故が発生したときに，事故点に流れる電流を三相短絡電流 I_s [A]，事故点に流れる皮相電力を三相短絡容量 P_s [V・A] といい，次式で表されます．

$$P_s = \sqrt{3}\, V_n I_s \ [\text{V・A}]$$

$$I_s = \frac{P_s}{\sqrt{3}\, V_n} \ [\text{A}]$$

　なお，三相短絡容量は大容量になるので，一般に，[MV・A] などの単位で表されます．

3　百分率インピーダンスで表す三相短絡容量と三相短絡電流

① 百分率インピーダンスで表す三相短絡容量

　三相短絡容量は百分率インピーダンス%Z を用いて次式で表すことができます．

$$P_s = P_n \times \frac{100}{\%Z} \ \ [\text{V・A}]$$

　　P_n：基準容量 [V・A]

　基準容量とは百分率インピーダンスを算定するときに用いた皮相電力で，変圧器の定格容量等が用いられます．つまり，**変圧器の定格容量等の基準容量と百分率インピーダンスがわかれば，三相短絡容量を算定する**ことができます．三相短絡容量は，**高圧交流遮断器の選定をするのに必要な諸元の一つ**で，高圧交流遮断器の定格遮断容量が三相短絡容量より大きくないと，**短絡事故を遮断して保護する**ことができません．したがって，高圧交流遮断器は定格遮断容量が三相短絡容量よりも大きなものを選定して設置する必要があります．

　また三相短絡容量は次式で表すこともできます．

$$P_s = P_n \times \frac{100}{\%Z} \ [\text{V・A}] \qquad\qquad ①$$

基準容量は次式で表されます．

$$P_n = \sqrt{3}\, V_n I_n \ \ [\text{V・A}] \qquad\qquad ②$$

①式に②式を代入すると次式のとおりです．

$$P_s = P_n \times \frac{100}{\%Z} = \sqrt{3}\, V_n I_n \times \frac{100}{\%Z} = \frac{\sqrt{3}\, V_n I_n}{\%Z} \times 100 \ [\text{V・A}]$$

　この式より，定格電圧 V_n，定格電流 I_n，百分率インピーダンス%Z から

三相短絡容量 P_s を求めることができます.

② 百分率インピーダンスで表す三相短絡電流

三相短絡電流も,三相短絡容量と同様に百分率インピーダンス%Z を用いて次式で表すことができます.

$$I_\mathrm{s} = I_\mathrm{n} \times \frac{100}{\%Z}\ [\mathrm{A}]$$

定格電流と百分率インピーダンスがわかれば,**三相短絡電流を算定**することができます.三相短絡電流は,高圧交流遮断器を選定するのに必要な諸元の一つで,高圧交流遮断器の定格遮断電流が三相短絡電流より大きくないと,短絡事故を遮断して保護することができません.したがって,高圧交流遮断器は定格遮断電流が三相短絡電流よりも大きなものを選定して設置する必要があります.

また三相短絡電流は次式で表すこともできます.

$$I_\mathrm{s} = \frac{P_\mathrm{s}}{\sqrt{3}\,V_\mathrm{n}}\ [\mathrm{A}] \tag{①}$$

前述のとおり三相短絡容量は次式で表されます.

$$P_\mathrm{s} = P_\mathrm{n} \times \frac{100}{\%Z}\ [\mathrm{V\cdot A}] \tag{②}$$

①式に②式を代入すると次式のとおりです.

$$I_\mathrm{s} = \frac{P_\mathrm{s}}{\sqrt{3}\,V_\mathrm{n}} = P_\mathrm{n} \times \frac{100}{\%Z} \times \frac{1}{\sqrt{3}\,V_\mathrm{n}} = \frac{P_\mathrm{n}}{\sqrt{3}\,V_\mathrm{n}} \times \frac{100}{\%Z} = \frac{100 P_\mathrm{n}}{\sqrt{3}\,V_\mathrm{n}\%Z}\ [\mathrm{A}]$$

この式より,基準容量 P_n,定格電圧 V_n,百分率インピーダンス%Z から三相短絡電流 I_s を求めることができます.

4 百分率インピーダンスの合成

複数の百分率インピーダンスの合成は,**百分率インピーダンスを同一の基準容量に換算**して行う必要があります.百分率インピーダンスの基準容量の換算式は次のとおりです.

$$\%Z_2 = \frac{P_2}{P_1} \times \%Z_1\ [\%]$$

$\%Z_1$:換算前の百分率インピーダンス [%],

$\%Z_2$:換算後の百分率インピーダンス [%],

P_1:もとの基準容量 [V・A],P_2:換算したい基準容量 [V・A]

【例題】

　図のように，配電用変電所の変圧器の百分率インピーダンスが基準容量
30 MV・A で 18 %，変電所から電源側の百分率インピーダンスが基準容量
10 MV・A で 2 %，高圧配電線の百分率インピーダンスが基準容量 10 MV・A
で 3 % である．高圧需要家の受電点（A 点）から電源側の合成百分率イン
ピーダンスは基準容量 10 MV・A でいくらか．

　ただし，百分率インピーダンスの百分率抵抗と百分率リアクタンスの比
は，いずれも等しいとする．

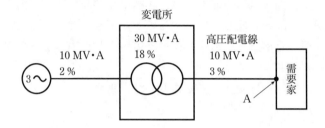

【解説】

　換算前の百分率インピーダンスは次のとおりです．

・電源側：2 %（基準容量 10 MV・A）

・変電所：18 %（基準容量 30 MV・A）

・高圧配電線：3 %（基準容量 10 MV・A）

　変電所の百分率インピーダンスのみ基準容量が 30 MV・A なので次式の
とおり**基準容量 10 MV・A** に換算します．

$$\%Z_{\mathrm{T2}} = \frac{10}{30} \times 18 = 6 \ \% \quad （基準容量 10 MV・A）$$

　換算後の百分率インピーダンスは次のとおりです．

・電源側：2 %（基準容量 10 MV・A）

・変電所：6 %（基準容量 10 MV・A）

・高圧配電線：3 %（基準容量 10 MV・A）

　受電点 A から電源側の合成百分率インピーダンス %Z（基準容量
10 MV・A）は，各百分率インピーダンスが直列に接続され，かつ，抵抗と
リアクタンスの比が等しいので，次式のとおり単純和で求めることができ
ます．

$$\%Z = 2 + 6 + 3 = 11 \ \% \quad （基準容量 10 MV・A）$$

百分率インピーダンスを同じ基準容量に換算することで，異なる電圧間の合成百分率インピーダンスを求めることができます．求めた合成百分率インピーダンスから，受電点Aにおける短絡事故時の三相短絡電流，三相短絡容量を算定することが可能です．

●地絡

　地絡に関しては，次のような負荷の金属製外箱で地絡を生じたときの地絡点における対地電圧を求める問題が出題されています．

【例題】

　図のような電路において，変圧器二次側のB種接地工事の接地抵抗値が10Ω，金属製外箱のD種接地工事の接地抵抗値が20Ωであった．負荷の金属製外箱のA点で完全地絡を生じたとき，A点の対地電圧［V］は．

　ただし，金属製外箱，配線および変圧器のインピーダンスは無視する．

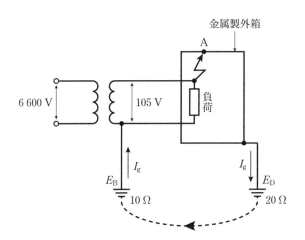

【解説】

　設問の図は次の回路図に書き換えることができます．

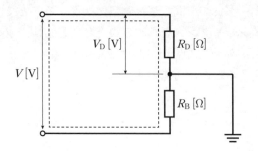

R_B：B種接地工事の接地抵抗値〔Ω〕，

R_D：D種接地工事の接地抵抗値〔Ω〕

A点の対地電圧 V_D〔V〕は次式で求まります．

$$V_D = \frac{R_D}{R_B + R_D} \times V \text{〔V〕}$$

題意の数値を代入して算定します．

$$V_D = \frac{20}{10 + 20} \times 105 = 70 \text{ V}$$

06 負荷特性

負荷特性とは，横軸に時間，縦軸に使用電力を表したグラフ等で示される負荷の特性をいいます．

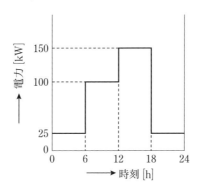

例図：負荷特性を示すグラフ

1 最大需要電力

最大需要電力とは，**期間中における使用電力の最大値**をいいます．例図においては 12—18 時における 150 kW です．

2 平均需要電力

平均需要電力とは，**期間中における使用電力の平均値**をいいます．平均需要電力は次式で求まります．

$$平均需要電力 = \frac{期間中の使用電力量[\text{kW·h}]}{期間中の時間[\text{h}]} \quad [\text{kW}]$$

なお，例図において平均需要電力は次のように算定されます．

① **期間中の使用電力量**

例図の期間中の使用電力量は次の表のとおりです．

時刻	時間	電力	電力量
0—6 時	6 時間	25 kW	6 × 25 = 150 kW·h
6—12 時	6 時間	100 kW	6 × 100 = 600 kW·h
12—18 時	6 時間	150 kW	6 × 150 = 900 kW·h
18—24 時	6 時間	25 kW	6 × 25 = 150 kW·h

期間中の使用電力量 = 150 + 600 + 900 + 150 = 1 800 kW·h

② 平均需要電力

例図の平均需要電力は次式で求まります.

$$平均需要電力 = \frac{期間中の使用電力量[\mathrm{kW \cdot h}]}{期間中の時間[\mathrm{h}]} = \frac{1\,800}{24} = 75\,\mathrm{kW}$$

3 需要率と負荷率

需要率と負荷率は次のように定義されています.

① 需要率

需要率は次式で定義されています.

$$需要率 = \frac{最大需要電力[\mathrm{kW}]}{設備容量[\mathrm{kW}]} \times 100\ [\%]$$

例図の需要率は, 設備容量が 375 kW の場合, 次のとおりです.

$$需要率 = \frac{最大需要電力[\mathrm{kW}]}{設備容量[\mathrm{kW}]} \times 100 = \frac{150}{375} \times 100 = 40\,\%$$

② 負荷率

負荷率は次式で定義されています.

$$負荷率 = \frac{平均需要電力[\mathrm{kW}]}{最大需要電力[\mathrm{kW}]} \times 100\ [\%]$$

例図の負荷率は次のとおりです.

$$負荷率 = \frac{平均需要電力[\mathrm{kW}]}{最大需要電力[\mathrm{kW}]} \times 100 = \frac{75}{150} \times 100 = 50\,\%$$

4 不等率

不等率とは, 複数の需要家に供給する負荷の特性を示す指標で, 次式で定義されています.

$$不等率 = \frac{各最大需要電力の和[\mathrm{kW}]}{合成最大需要電力[\mathrm{kW}]}$$

次の例図で示される負荷特性の不等率は次のとおりです.

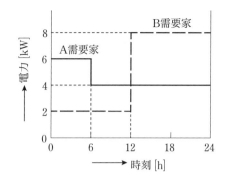

時刻	時間	A需要家の電力	B需要家の電力	合成需要電力
0—6 時	6 時間	6 kW	2 kW	6 + 2 = 8 [kW]
6—12 時	6 時間	4 kW	2 kW	4 + 2 = 6 [kW]
12—18 時	6 時間	4 kW	8 kW	4 + 8 = 12 [kW]
18—24 時	6 時間	4 kW	8 kW	4 + 8 = 12 [kW]

A 需要家の最大需要電力：6 kW

B 需要家の最大需要電力：8 kW

A と B の合成最大需要電力：12 kW

したがって，不等率は次式で求まります．

$$不等率 = \frac{各最大需要電力の和 [kW]}{合成最大需要電力 [kW]} = \frac{6 + 8}{12} = \frac{14}{12} ≒ 1.17$$

不等率は 1 以上の値になります．

5 時間中に変動のある使用電力量の計算

使用電力量の計算において次のような問題が出題されています．

【例題】

受電設備において，14 時から 16 時までの間の負荷曲線が図のようで
あった．

この 2 時間の使用電力量 [kW・h] は．

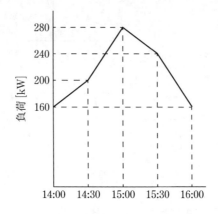

【解説】

　使用電力量は下図の**四角形と三角形で示される**部分の面積を算定すれば求められます.

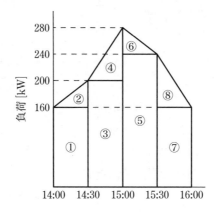

① 　160 kW × 0.5 h = 80 kW・h

② 　1/2 × 40 kW × 0.5 h = 10 kW・h

③ 　200 kW × 0.5 h = 100 kW・h

④ 　1/2 × 80 kW × 0.5 h = 20 kW・h

⑤ 　240 kW × 0.5 h = 120 kW・h

⑥ 　1/2 × 40 kW × 0.5 h = 10 kW・h

⑦ 　160 kW × 0.5 h = 80 kW・h

⑧ 　1/2 × 80 kW × 0.5 h = 20 kW・h

①〜⑧の合計：80 + 10 + 100 + 20 + 120 + 10 + 80 + 20 = 440 kW・h

07 電線の水平張力

● 電線の張力と支線の張力

次の図のような電柱に架線される電線と，電柱を支える支線の張力の関係は次式で表されます．

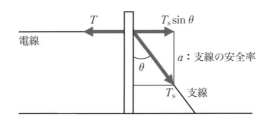

T：電線の張力 [N]，T_s：支線の張力 [N]，a：支線の安全率

$$T = \frac{T_s \sin \theta}{a} \quad [\mathrm{N}]$$

$$T_s = \frac{aT}{\sin \theta} \quad [\mathrm{N}]$$

電線の水平張力を求める問題が出題されています．

【例題】

図のように取り付け角度が $30°$ となるように支線を施設する場合，支線の許容張力を $T_s = 24.8\,\mathrm{kN}$ とし，支線の安全率を 2 とすると，電線の水平張力 T の最大値 [kN] は．

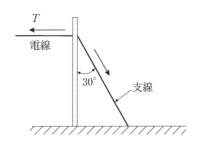

【解説】

電線の水平張力 T の最大値は次式で求まります.

$$T = \frac{T_s \sin \theta}{a} \ [\text{N}]$$

T：電線の張力［N］, T_s：支線の張力［N］, a：支線の安全率

題意の数値を代入すると次のとおりです.

$$T = \frac{T_s \sin \theta}{a} = \frac{24.8 \times \sin 30°}{2} = \frac{24.8 \times \dfrac{1}{2}}{2} = 6.2 \ \text{kN}$$

本問を解くために**代表的な直角三角形の三角比**を覚えておきましょう.

$\theta = 30°$

$\sin \theta = \dfrac{1}{2}$

$\cos \theta = \dfrac{\sqrt{3}}{2}$

$\tan \theta = \dfrac{1}{\sqrt{3}}$

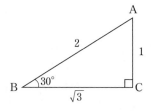

$\theta = 45°$

$\sin \theta = \dfrac{1}{\sqrt{2}}$

$\cos \theta = \dfrac{1}{\sqrt{2}}$

$\tan \theta = 1$

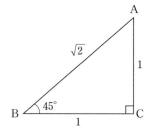

$\theta = 60°$

$\sin \theta = \dfrac{\sqrt{3}}{2}$

$\cos \theta = \dfrac{1}{2}$

$\tan \theta = \sqrt{3}$

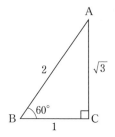

08 低圧電路

● 配線用遮断器

1 使用目的

　配線用遮断器の使用目的は，低圧電路の**過負荷**および**短絡**を**検出**し，電路を**遮断**することです．

配線用遮断器

2 配線用遮断器の取付位置

　低圧幹線からの分岐回路に設置する配線用遮断器の取付位置は次のとおりです．

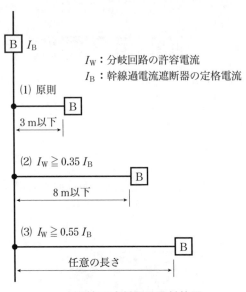

配線用遮断器の取付位置

(1)　原則

　配線用遮断器は極力分岐点に近い分岐回路に取り付ける必要があるので，原則，分岐点から **3 m 以下** の分岐回路に設置する必要があります．

(2)　分岐回路の許容電流 I_W が幹線の過電流遮断器の定格電流 I_B の **35 %** 以上の場合

　分岐回路の許容電流 I_W が幹線の過電流遮断器の定格電流 I_B の 35 % 以上の場合，すなわち $I_W \geqq 0.35 I_B$ の場合は，分岐点から **8 m 以下** の分岐回路に設置することができます．なお，許容電流とは電流による発熱により，電線の絶縁物が著しい劣化をきたさないようにするための限界の電流値をいいます．

(3)　分岐回路の許容電流 I_W が幹線の過電流遮断器の定格電流 I_B の **55 %** 以上の場合

　分岐回路の許容電流 I_W が幹線の過電流遮断器の定格電流 I_B の 55 % 以上の場合，すなわち $I_W \geqq 0.55 I_B$ の場合は，分岐回路の**任意の場所**に設置することができます．

3　幹線の許容電流と配線用遮断器の定格電流

　幹線の許容電流と幹線の配線用遮断器の定格電流は次のとおりです．

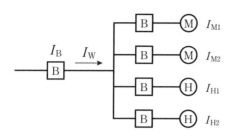

幹線の許容電流と配線用遮断器の定格電流

$$I_M = I_{M1} + I_{M2}$$
$$I_H = I_{H1} + I_{H2}$$
I_W：幹線の許容電流
I_B：幹線過電流遮断器の定格電流
I_M：電動機の定格電流の和
I_H：そのほかの定格電流の和

(1)　幹線の許容電流

前の図において幹線の許容電流 I_W は次式のとおりです．

①　I_M が I_H 以下の場合（$I_M \leqq I_H$）

$$I_W \geqq I_M + I_H \,[\text{A}]$$

②　I_M が I_H より大きく，かつ，I_M が 50 A 以下の場合（$I_M > I_H$，かつ $I_M \leqq 50\,\text{A}$）

$$I_W \geqq 1.25 I_M + I_H \,[\text{A}]$$

③　I_M が I_H より大きく，かつ，I_M が 50 A を超える場合（$I_M > I_H$，かつ $I_M > 50\,\text{A}$）

$$I_W \geqq 1.1 I_M + I_H \,[\text{A}]$$

(2)　幹線の配線用遮断器の定格電流

前の図において幹線の配線用遮断器の定格電流 I_B は次式のとおりです．

$$I_B \leqq 3 I_M + I_H \,[\text{A}], \quad \text{かつ}, \quad I_B \leqq 2.5 I_W \,[\text{A}]$$

幹線の許容電流はできるだけ大きいほうが望ましいですが，配線用遮断器の定格電流はできるだけ小さいほうが望ましいです．

4　電動機回路の保護協調曲線

電動機回路の保護協調曲線の例を次に示します．

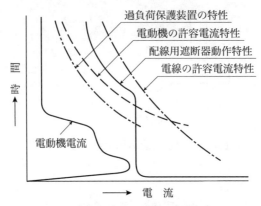

電動機回路の保護協調曲線

① 過負荷保護装置の特性と電動機の許容電流特性

　前の図の保護協調曲線のグラフにおいて，いずれの電流の領域においても過負荷保護装置の特性の描く曲線のほうが，電動機の許容電流特性よりも時間が小さくなっており，電動機の許容電流特性に達する前に過負荷保護装置が動作するようになっています．また，過負荷保護装置は通常の電動機電流では動作しないようになっています．

② 配線用遮断器動作特性と電線の許容電流特性

　前の図の保護協調曲線のグラフにおいて，いずれの電流の領域においても配線用遮断器動作特性の描く曲線のほうが，電線の許容電流特性よりも時間が小さくなっており，電線の許容電流特性に達する前に配線用遮断器が動作するようになっています．

5　配線用遮断器の定格電流，電線の太さ，コンセントの定格電流

　分岐回路の配線用遮断器の定格電流と接続できる電線の太さとコンセントの定格電流は次のとおりです．

過電流遮断器の定格電流	電線の太さ（軟銅線）	接続できるコンセントの定格電流
15 A 分岐回路	直径 1.6 mm 以上	15 A 以下
20 A 分岐回路 （配線用遮断器）	直径 1.6 mm 以上	20 A 以下
20 A 分岐回路 （ヒューズ）	直径 2.0 mm 以上	20 A 以下
30 A 分岐回路	直径 2.6 mm （断面積 5.5 mm^2）以上	20 A～30 A
40 A 分岐回路	断面積 8 mm^2 以上	30 A～40 A
50 A 分岐回路	断面積 14 mm^2 以上	40 A～50 A

● 低圧用電線

低圧電路に使用される主な電線の記号は次のとおりです．

① IV

主に屋内配線に使用する塩化ビニル樹脂を主体としたコンパウンド（化合物）で絶縁された単心（単線，より線）の絶縁電線です．

② DV

主に架空引込線に使用する塩化ビニル樹脂を主体としたコンパウンドで絶縁された多心の絶縁電線です．

③ VV

主に屋内配線に使用する塩化ビニル樹脂を主体としたコンパウンドを絶縁体およびシースとするビニル絶縁ビニルシースケーブルです．

④ VCT

移動用電気機器の電源回路などに使用する塩化ビニル樹脂を主体としたコンパウンドを絶縁体およびシースとするビニル絶縁ビニルキャブタイヤケーブルです．

⑤ CV

架橋ポリエチレンで絶縁し，塩化ビニル樹脂を主体としたコンパウンドでシースを施した架橋ポリエチレン絶縁ビニルシースケーブルです．

■ 電気計器

1 主な種類と特徴

電気計器の主な種類，特徴は次のとおりです．

① 可動コイル形計器

永久磁石の磁束と電流の相互作用を利用するので，**直流電流**の測定等に適しています．

② 可動鉄片形計器

コイルの磁界内にある鉄片に働く電磁力を利用しており，**商用周波数の電流，電圧の測定**に適しています．

③ 電流力計形計器

固定コイルと可動コイルに流れる電流間に生じる電磁力を利用しており，**交流および直流の電圧，電流，電力の測定**に適しています．

④ 整流形計器

整流器と**可動コイル形計器**を組み合わせた計器です．

⑤ 誘導形計器

渦電流と磁界の電磁作用を利用しており，商用周波数の測定，特に**電力量の測定**に適しています．

⑥ 熱電形計器

電流による発熱を利用するので，**高周波用の測定**に適しています．

⑦ 静電形計器

金属極板間に働く静電力を利用するもので，交直電流両用の**高電圧**を測定するのに適しています．

2 記号

主な電気計器の種類，記号，適用回路，用途は次のとおりです．

種類	記号	適用回路	用途
可動コイル形		直流	電圧計 電流計 抵抗計
可動鉄片形		交流	電圧計 電流計
電流力計形		直流 交流	電圧計 電流計 電力計
整流形		交流	電流計
誘導形		交流	電圧計 電流計 電力計
熱電形		直流 交流	高周波用の電圧計 電流計
静電形		直流 交流	高電圧用の電圧計

3 平均力率の測定

平均力率は次式で算定されます.

$$\text{平均力率} = \frac{\text{電力量}}{\sqrt{\text{電力量}^2 + \text{無効電力量}^2}}$$

したがって，平均力率の測定に用いられる計器は，**電力量を測定する電力量計と無効電力量を測定する無効電力量計**が必要です.

4 誘導形電力量計の計器定数

誘導形電力量計とは，電磁誘導により円板を回転させる電気計器で，円板の回転数が電力量に比例することを利用した電気計器です．計器係数とは，誘導形電力量計における**1 kW・h 当たりの回転数**［rev/kW・h］で次式のとおりです.

$$K = \frac{N}{PT} \quad [\text{rev/kW·h}]$$

K：計器係数［rev/kW・h］，N：回転数，P：消費電力［kW］，

T：消費時間〔h〕

●配線器具

1　スイッチ

低圧電路に用いられる主なスイッチは次のとおりです．

① **遅延スイッチ**

操作部を「切り操作」した後，**遅れて動作**するスイッチで，トイレの換気扇などに使用されます．

② **熱線式自動スイッチ**

人体の体温等を検知し自動的に開閉するスイッチで，玄関灯などに使用されます．

2　コンセント

低圧電路に用いられる引掛形コンセントと抜止形コンセントの概要は次のとおりです．

① **引掛け形コンセント**

引掛け形コンセントは，刃受が円弧状で，**専用のプラグを回転**させることによって**抜けない構造**としたものです．

引掛け形コンセント

② **抜止形コンセント**

抜止形コンセントは，プラグを回転させることによって**容易に抜けない構造**としたもので，**一般のプラグ**を使用します．

抜止形コンセント

3 コンセントの極配置

主なコンセントの刃受の極配置は次のとおりです.

単相 100 V	一般	125 V 15 A	125 V 20 A	
	接地極付	125 V 15 A	125 V 20 A	
単相 200 V	一般	250 V 15 A	250 V 20 A	250 V 30 A
	接地極付	250 V 15 A	250 V 20 A	250 V 30 A
三相 200 V	一般	250 V 15 A	250 V 20 A	250 V 30 A
	接地極付	250 V 15 A	250 V 20 A	250 V 30 A

◎過去問で実力チェック！

Q-1

線間電圧 V [kV] の三相配電系統において，受電点からみた電源側の百分率インピーダンスが Z [%]（基準容量：10 MV・A）であった．受電点における三相短絡電流 [kA] を示す式は．

イ．$\dfrac{10\sqrt{3}\,Z}{V}$　　ロ．$\dfrac{1\,000}{VZ}$　　ハ．$\dfrac{1\,000}{\sqrt{3}\,VZ}$　　ニ．$\dfrac{10Z}{V}$

解説　三相短絡電流を I_s [A]，基準電流を I_n [A] とすると次式で表されます．

$$I_s = I_n \times \frac{100}{Z}\ [\text{A}]$$

基準電流 I_n [A] は基準容量を P_b [MV・A] とすると次のように求められます．

$$I_n = \frac{P_b \times 10^6}{\sqrt{3}\,V \times 10^3} = \frac{10 \times 10^6}{\sqrt{3}\,V \times 10^3} = \frac{10 \times 10^3}{\sqrt{3}\,V}\ [\text{A}]$$

三相短絡電流を I_s [A] は，次のように求められます．

$$I_s = I_n \times \frac{100}{Z} = \frac{10 \times 10^3}{\sqrt{3}\,V} \times \frac{100}{Z} = \frac{1\,000 \times 10^3}{\sqrt{3}\,VZ}\ [\text{A}] = \frac{1\,000}{\sqrt{3}\,VZ}\ [\text{kA}]$$

答え　ハ

Q-2

図aのような単相3線式電路と，図bのような単相2線式電路がある．
図aの電線1線当たりの供給電力は，図bの電線1線当たりの供給電力の何倍か．
ただし，R は定格電圧 V [V] の抵抗負荷であるとする．

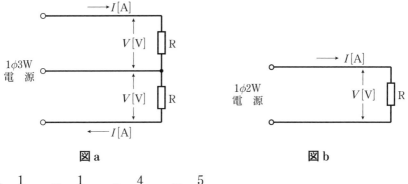

図 a   **図 b**

イ. $\dfrac{1}{3}$ ロ. $\dfrac{1}{2}$ ハ. $\dfrac{4}{3}$ ニ. $\dfrac{5}{3}$

解説 図 a の単相 3 線式電路の供給電力を P_a [W] とすると次式で表されます.

$$P_a = 2I^2R \ [\text{W}]$$

電線 1 線当たりの供給電力を P_{Wa} [W] とすると電線本数 3 本であるので,次式で表されます.

$$P_{Wa} = \frac{P_a}{3} = \frac{2I^2R}{3} \ [\text{W}]$$

図 b の単相 2 線式電路の供給電力を P_b [W] とすると次式で表されます.

$$P_b = I^2R \ [\text{W}]$$

電線 1 線当たりの供給電力を P_{Wb} [W] とすると電線本数 2 本であるので,次式で表されます.

$$P_{Wb} = \frac{P_b}{2} = \frac{I^2R}{2} \ [\text{W}]$$

図 a・b の電線 1 線当たりの供給電力を比較すると次のとおりです.

$$\frac{P_{Wa}}{P_{Wb}} = \frac{\dfrac{2I^2R}{3}}{\dfrac{I^2R}{2}} = \frac{\dfrac{2}{3}}{\dfrac{2}{}}\ \ \frac{2}{3} = \frac{4}{3} \ 倍$$

答え ハ

Q-3

図のような単相 3 線式配電線路において,負荷 A,負荷 B ともに負荷電圧 100 V,負荷電流 10 A,力率 0.8(遅れ)である.このとき,電源電圧 V

の値［V］は.

ただし，配電線路の電線1線当たりの抵抗は0.5 Ωである.

なお，計算においては，適切な近似式を用いること.

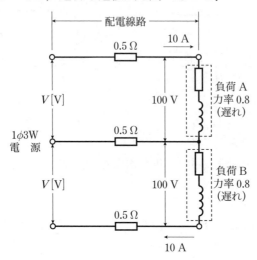

イ. 102　　ロ. 104　　ハ. 112　　ニ. 120

解説　電線の抵抗を r［Ω］，リアクタンスを x［Ω］，負荷電流を I［A］，力率を $\cos\theta$ とすると，単相3線式配電線路の電圧降下 v［V］を表す近似式は，次式で表されます.

$$v = I(r\cos\theta + x\sin\theta)\ [V]$$

負荷Aと負荷Bは等しく，中性線に電流は流れないので中性線による電圧降下は発生しません. また，リアクタンス x［Ω］は設問で与えられていないため無視 $(x = 0)$ すると，電圧降下 v［V］は次式で求められます.

$$v = I(r\cos\theta + x\sin\theta) = 10(0.5 \times 0.8 + 0) = 4\ \text{V}$$

したがって，電源電圧 V［V］は次のとおりです.

$$V = 100 + v = 100 + 4 = 104\ \text{V}$$

答え　ロ

Q-4

図のように，単相2線式配電線路で，抵抗負荷A（負荷電流20 A）と抵抗負荷B（負荷電流10 A）に電気を供給している. 電源電圧が210 Vであるとき，負荷Bの両端の電圧 V_B と，この配電線路の全電力損失 P_L の組合せとして，正しいものは.

ただし，1線当たりの電線の抵抗値は，図に示すようにそれぞれ $0.1\,\Omega$ と
し，線路リアクタンスは無視する.

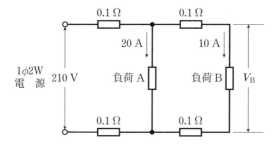

イ．$V_B = 202\,V$ $P_L = 100\,W$

ロ．$V_B = 202\,V$ $P_L = 200\,W$

ハ．$V_B = 206\,V$ $P_L = 100\,W$

ニ．$V_B = 206\,V$ $P_L = 200\,W$

解説 各電線に流れる電流は次の図のようになります．

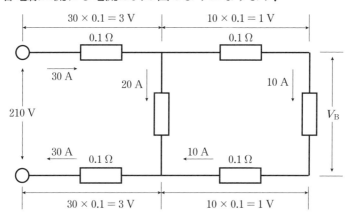

V_B：各電線の電圧降下は電流 I [A] × 電線の抵抗 R [Ω] で求められるの
で，電圧降下 v [V] は次のように求められます.

$\qquad v = 30 \times 0.1 \times 2 + 10 \times 0.1 \times 2 = 8\,V$

V_B [V] は次のように求められます.

$\qquad V_B = V - v = 210 - 8 = 202\,V$

P_L：全電力損失 P_L [W] は，各電線の電流 I^2 [A] × 電線の抵抗 R [Ω]
の総和で求められるので，次のように求められます.

$\qquad P_L = 30^2 \times 0.1 \times 2 + 10^2 \times 0.1 \times 2 = 200\,W$

答え　ロ

Q-5

図のような低圧屋内幹線を保護する配線用遮断器 $\boxed{B_1}$ （定格電流 100 A）の幹線から分岐する A〜C の分岐回路がある．A〜C の分岐回路のうち，配線用遮断器 $\boxed{B}$ の取り付け位置が不適切なものは．

ただし，図中の分岐回路の電流値は電線の許容電流を示し，距離は電線の長さを示す．

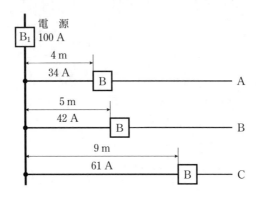

イ．A　　ロ．B　　ハ．C

解説　Aは分岐点から電線の長さが3 m を超え4 m の位置に配線用遮断器を施設しているが，電線の許容電流が低圧幹線を保護する配線用遮断器の定格電流の35 %未満である34 %なので，不適切です．

答え　**イ**

Q-6

定格容量 200 kV·A，消費電力 120 kW，遅れ力率 $\cos\theta_1 = 0.6$ の負荷に電力を供給する高圧受電設備に高圧進相コンデンサを施設して，力率を $\cos\theta_2 = 0.8$ に改善したい．必要なコンデンサの容量 [kvar] は．

ただし，$\tan\theta_1 = 1.33$，$\tan\theta_2 = 0.75$ とする．

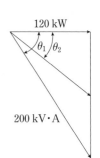

イ．35　　ロ．70　　ハ．90　　ニ．160

解説　無効電力 Q [kvar] は，有効電力を P [kW] とすると次のように求められます．

$$Q = P\tan\theta \ [\text{kvar}]$$

改善前の無効電力を Q_1 [kvar] とすると，次のように求められます．

$$Q_1 = P \times \tan\theta_1 = 120 \times 1.33 = 159.6 \fallingdotseq 160 \text{ kvar}$$

改善後の無効電力を Q_2 [kvar] とすると，次のように求められます．

$Q_2 = P \times \tan \theta_2 = 120 \times 0.75 = 90 \text{ kvar}$

改善前と改善後の無効電力 Q [kvar] の差は次のように求められます．

$Q_1 - Q_2 = 160 - 90 = 70 \text{ kvar}$

したがって，力率改善に必要なコンデンサ容量は 70 kvar となります．

答え　ロ

Q-7

図のような電路において，変圧器二次側の B 種接地工事の接地抵抗値が
10 Ω，金属製外箱の D 種接地工事の接地抵抗値が 20 Ω であった．負荷の
金属製外箱の A 点で完全地絡を生じたとき，A 点の対地電圧 [V] は．
ただし，金属製外箱，配線および変圧器のインピーダンスは無視する．

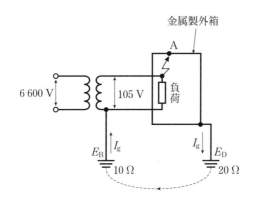

イ．35　　ロ．60　　ハ．70　　ニ．105

解説　地絡電流 I_g [A] は変圧器の二次側電圧を V_0 [V] とすると次のよ
うに求められます．

$$I_g = \frac{V_0}{E_B + E_D} = \frac{105}{10 + 20} = \frac{105}{30} = 3.5 \text{ A}$$

A 点の対地電圧 V [V] は次のように求められます．

$V = I_g \times E_D = 3.5 \times 20 = 70 \text{ V}$

答え　ハ

Q-8

図のような単相3線式電路（電源電圧 210/105 V）において，抵抗負荷 A 50 Ω，B 25 Ω，C 20 Ω を使用中に，図中の✖印点 P で中性線が断線した．断線後の抵抗負荷 A に加わる電圧 [V] は．
ただし，どの配線用遮断器も動作しなかったとする．

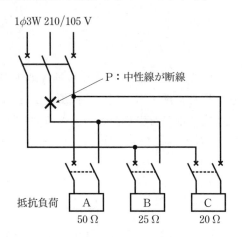

イ．0　　ロ．60　　ハ．140　　ニ．210

解説　中性線断線後の回路は次の図のとおりです．

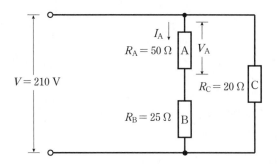

負荷 A，B に流れる電流 I_A [A] は次のように求められます．

$$I_A = \frac{V}{R_A + R_B} = \frac{210}{50 + 25} = 2.8 \text{ A}$$

負荷 A に加わる電圧 V_A [V] は次のように求められます．

$$V_A = I_A R_A = 2.8 \times 50 = 140 \text{ V}$$

答え　ハ

Q-9

図のような日負荷曲線をもつ A, B の需要家がある．この系統の不等率は．

イ．1.17　　ロ．1.33

ハ．1.40　　ニ．2.33

解説　不等率は次式で表されます．

$$\text{不等率} = \frac{\text{各最大需要電力の和}}{\text{合成最大需要電力}} \geq 1$$

A 需要家の 1 日の最大需要電力は

6 kW, B 需要家の最大需要電力は 8 kW であるので，各最大需要電力の和は次のとおりです．

$$6 + 8 = 14 \text{ kW}$$

合成最大需要電力は，A 需要家と B 需要家の需要電力の和が最も高いのは，12～24 h の時間帯の A 需要家 4 kW, B 需要家 8 kW の計 12 kW です．したがって，不等率は次のように求められます．

$$\text{不等率} = \frac{14}{12} = 1.166 \fallingdotseq 1.17$$

答え　**イ**

Q-10

図のように取り付け角度が 30° となるように支線を施設する場合，支線の許容張力を $T_\text{S} = 24.8$ kN とし，支線の安全率を 2 とすると，電線の水平張力 T の最大値［kN］は．

イ．3.1　　ロ．6.2　　ハ．10.7　　ニ．24.8

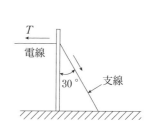

解説　電線の水平張力 T［kN］の最大値は，支線の許容張力を T_S［kN］, 安全率 a とすると次のように求められます．

$$T = \frac{T_\text{S}}{a} \sin 30° = \frac{24.8}{2} \times \frac{1}{2} = 6.2 \text{ kN}$$

答え　**ロ**

索 引

■著者紹介

石原　鉄郎（いしはら　てつろう）

主な資格：第1種電気工事士，第2種電気主任技術者，1級電気工事施工管
理技士，労働安全コンサルタント．企業向けの電気工事士，施
工管理技士等の受験対策講習会や低圧電気取扱特別教育等の安
全衛生教育の講師．電気，設備分野の資格試験対策の書籍の執
筆も多数手がける．

主な著書：「2024年版 第2種電気工事士学科試験 完全合格テキスト＆問題
集」ナツメ社（共著），「2024年版 第2種電気工事士 技能試験
完全図解テキスト」ナツメ社（共著），「建築土木教科書 1級・2
級 電気通信工事施工管理技士 第一次・第二次検定 テキスト＆
問題集 第2版」翔泳社，他多数．

・ドライブシヤフト合同会社 代表社員
・一般社団法人建設業教育協会 代表理事

© Tetsurou Ishihara 2024

ホントにわかる　やさしくまるごと
第1種電気工事士学科試験

2024年 6月 21日　　　第1版第1刷発行

著　者　石　原　鉄　郎
発 行 者　田　中　　　聡
発　行　所
株式会社 電 気 書 院
ホームページ　https://www.denkishoin.co.jp
（振替口座　00190-5-18837）
〒101-0051　東京都千代田区神田神保町1-3 ミヤタビル2F
電話(03)5259-9160／FAX(03)5259-9162

印刷　中央精版印刷株式会社
Printed in Japan／ISBN 978-4-485-20794-9

• 落丁・乱丁の際は，送料弊社負担にてお取り替えいたします．
• 正誤のお問合せにつきましては，書名・版刷を明記の上，編集部宛に郵送・
FAX（03-5259-9162）いただくか，当社ホームページの「お問い合わせ」を
ご利用ください．電話での質問はお受けできません．また，正誤以外の詳細
な解説・受験指導は行っておりません．

［本書の正誤に関するお問い合せ方法は，最終ページをご覧ください］

書籍の正誤について

万一，内容に誤りと思われる箇所がございましたら，以下の方法でご確認いただきますよう
お願いいたします．

なお，正誤のお問合せ以外の書籍の内容に関する解説や受験指導などは**行っておりません**．
このようなお問合せにつきましては，お答えいたしかねますので，予めご了承ください．

正誤表の確認方法

最新の正誤表は，弊社Webページに掲載しております．書
籍検索で「正誤表あり」や「キーワード検索」などを用いて，
書籍詳細ページをご覧ください．
正誤表があるものに関しましては，書影の下の方に正誤表を
ダウンロードできるリンクが表示されます．表示されないも
のに関しましては，正誤表がございません．

弊社Webページアドレス
https://www.denkishoin.co.jp/

正誤のお問合せ方法

正誤表がない場合，あるいは当該箇所が掲載されていない場合は，書名，版刷，発行年月
日，お客様のお名前，ご連絡先を明記の上，具体的な記載場所とお問合せの内容を添えて，
下記のいずれかの方法でお問合せください．
回答まで，時間がかかる場合もございますので，予めご了承ください．

郵便で問い合わせる	郵送先	〒101-0051 東京都千代田区神田神保町1-3 ミヤタビル2F ㈱電気書院　編集部　正誤問合せ係
FAXで問い合わせる	ファクス番号	**03-5259-9162**
ネットで問い合わせる	弊社Webページ右上の「**お問い合わせ**」から **https://www.denkishoin.co.jp/**

お電話でのお問合せは，承れません

（2024年1月現在）